JN279091

有機化学入門

船山信次 著

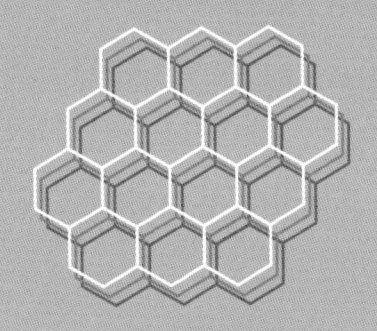

共立出版

本書に登場する製品名やシステム名などは一般に各開発会社の商標または登録商標です。

JCLS ＜㈱日本著作出版権管理システム委託出版物＞
本書の無断複写は著作権法上での例外を除き禁じられています．複写される場合は，そのつど事前に
㈱日本著作出版権管理システム（電話03-3817-5670，FAX 03-3815-8199）の許諾を得てください．

まえがき

　有機化学は敬遠されがちな学問分野の一つである．著者は，それには大きく2つの原因があると思っている．そして，それがこの従来の有機化学の教科書とはまったく異なった観点と手法に基づく教科書を書こうと思ったいきさつでもある．

　有機化学が敬遠される原因の一つは，「亀の甲」の問題である．そう，有機化学は，別名いわゆる「亀の甲」といわれる化学構造式（有機化学の言語ともいうべきもの）が理解できなければほとんど理解できない．そして，この「亀の甲」がゆえに敬遠されがちな学問となっている．しかし，「亀の甲」は慣れ親しんでしまえば，けっしてやっかいなものではない．むしろ，「亀の甲」の存在ゆえによく理解できるのである．私の「有機化学」の講義経験でも，その使用にアレルギーを起こさないように「亀の甲」をうまく導入すれば，学生はけっこう「有機化学」に興味をもち，また理解してくれることがわかっている．

　ある事柄を説明するために図を使うと，とても有効な場合が多い．たとえば，ワゴンタイプの車を知らない人にその特徴を説明するとしよう．まず，図を使わないで文章のみで説明することを想像していただきたい．うまくできるだろうか．きわめてむずかしいにちがいない．それに対して，その説明に図を1つ入れてもよいといわれたらどうだろうか．こんどは一挙にきわめてやさしくなるだろう．

　同じように有機化学における種々のことがらを文章のみで説明することは，はなはだむずかしい．無謀といってもよいほどである．しかし，そこに「亀の甲」といわれる図を使うことによって，きわめて有効に説明が可能になる．有機化学において「亀の甲」を使って説明するのは，まさに説明をやさしくするための手段なのである．そこで，この教科書の方針として，まず，「亀の甲」に慣れていただき，また親しんでいただけるようになることを念頭においた．そして，「亀の甲」を見れば，その化合物についての情報がいろいろわかるようになることが，この教科書の到達目標の一つである．

　この教科書において「亀の甲」を多用しているのは，図を通してわかりやす

を徹底するように気を遣ったためである．そのためにもぜひ，まずは，「亀の甲」を使った有機化学の説明のやり方に慣れていただきたい．慣れてしまえば，「亀の甲」がたいへんに便利な有機化学の表現手段であることを理解していただけるであろう．この観点では，とくに医・歯・薬・看護・衛生学部など，将来何らかの形で有機化合物とかかわりをもつようになる専門職養成分野の学生諸君や教員諸氏に一読していただきたいと思っている．

一方，子供たちの理科離れが進んでいるという．しかも学年の進行に従って理科嫌いが増えていく．著者は，その原因として，子供たちの理科の教材や指導者にも問題があると考える．現在の有機化学（の教科書）では，取り扱っている化学物質に現実の生活では馴染みのないものが多い．しかも中学から高校へと学年が進むに従ってその傾向は強い．そして，まるで当然のごとく，子供たちと接する専門職の養成に使われる大学における有機化学の教科書に至っては，馴染みのある化合物はほとんど出てこなくなる．このような教育を受けた専門職の方々が，有機化学が現実の生活に密接にかかわりあっている学問であることを説明できるようになるとは思えない．まして，有機化学がけっして現実の生活と乖離(かいり)した学問ではなく楽しい学問であることを子供たちに強調できるようになれることは不可能であろう．理科嫌い・有機化学嫌いの再生産である．

有機化学が敬遠されがちなもう一つの大きな原因は，この学問が現実生活と乖離したものであるという誤解にあると考える．そこで，この教科書においては，この点に着目し，私たちに身近なもの，あるいはマスコミその他で名前を見聞きしたことのある有機化合物を積極的に取り上げることに腐心した．むしろ，この本に取り上げたのは，私たちに馴染みのある有機化合物（とその関連化合物）に限ったといってよい．この点で，この教科書はかなり特徴的である．

頁を繰っていただければおわかりになると思うが，どの頁にもおそらくどこかで見聞きした化合物やその関連物質が取り扱われている．このように努めたのは，読者諸氏に有機化学というものが私たちの生活にたいへん身近なものであり，密接にかかわっている学問分野であることを強調したいからである．この本を通して，有機化学も，他の学問と同様，私たちをとりまく世界を理解するために必要不可欠な学問であり，また人間の生きる知恵の一つであることを肌で感じてほしいと願っている．この観点では，とくに教育・保育・家政学部など，将来何らか

の形で育児や子供の教育，家庭生活に専門的にかかわりをもつようになる学生諸君や小・中・高校の教員諸氏に一読していただきたいと思っている．また，理・工・農学部など，将来バイオサイエンスや有機合成化学工業にかかわりあいをもつようになる専門職養成分野の学生諸君や教員，教養として有機化学を学びたい学生・教員諸氏にも，有機化学と私たちの生活とのかかわりあいを再確認する目的で一読していただければ幸いである．

　私たちに身近な有機化合物や名前を見聞きしたことのある有機化合物には，動植物や微生物成分など天然から得られるものが多い．そして，これらをとくに天然有機化合物とよぶことがある．むしろ，かつて有機化合物とは，動植物や微生物などの生命体だけがつくりだすことのできる化合物群と考えられ，そう定義もされていた．よって，有機化学とは，天然有機化合物に関する学問であった．その後，有機化合物は人工的につくることもできることがわかり，天然に存在しないさまざまな有機化合物が化学合成されるようになった．
　その結果，当然，有機化合物の定義も変わり，現在では有機化学という学問分野も，生命体の関与とは一見無関係に，単に炭素骨格を中心とした化合物の化学となっている．それどころか現在では，学問としての有機化学ではむしろ人工的につくりだされた有機化合物を中心に取り扱うことが多くなってしまった．そのため，一見，初学者たちには，有機化学は，自然や私たちの生活とはかけ離れた感じのする学問と勘違いされがちである．
　しかし，実際には，有機化学の定義が変わった後でも，天然に存在する有機化合物は有機化学の重要な研究対象であり続け，有機化学の発展に大きく寄与している．さらに，実際に私たちの身近なところで応用されている化合物にはむしろ，天然有機化合物そのもの，あるいは天然有機化合物を変換したもの，あるいは天然有機化合物を参考として人工的につくられたものがきわめて多いのである．たとえば，砂糖や綿は天然有機化合物そのものであるし，トウガラシやコショウの辛味成分も天然有機化合物である．アスピリンは植物成分を化学変換したものから創成されたいわば半化学合成医薬品であり，さらに各種の抗生物質も多くは天然から得られた有機化合物そのものを使用している．また，ナイロンという化学合成繊維の開発は，絹の化学構造が参考となっている．これらのことも，この本を通して理解していただきたい．

くり返しになるが，この本は，まず有機化学に興味をもっていただき，そして通読していただければ，ある有機化合物の化学構造を見ることにより，その化合物がどのような起源をもち，どのような基本的性格を有するものであるかを認識できる程度の実力がつくことを目標としている．そこで，登場した化合物の化学構造についてはもらさず提供するように努めた．一方，この本では，各種の有機化合物の化学反応性や合成法などについての記述は，一部を除いてほとんどを割愛した．そのため，この教科書を通読した結果，もの足りなさを感じる読者も必ずや出てくることだろう．しかし，それこそ，この入門書とその著者である私の意図するところである．もし，いろいろな身近な有機化合物のさまざまな側面についての記述に接するうちに，その有機化合物の化学合成や反応，化学的性質，その起源や生合成などについて，もの足りない部分やもっと知りたい部分を感じるようになったら，その部分こそ，あなたのより詳しく知りたい分野なのである．その場合には，その方面についてより詳しく記述してある他の成書に進むことをお勧めする．この教科書は，そのような読者の踏み台となることを喜びとし，そう感じる読者がたくさん出れば，この入門書の意図は達成されたと歓喜したい．

　この本の執筆にあたっては，粗原稿から1冊の本に育つまで，共立出版（株）編集部の浦山 毅氏にずっとお世話になった．浦山氏の本書完成に至るまでのお力添えと適切な助言，励ましに厚く御礼申し上げる．
　また，校正を担当していただいた三輪直美氏には，編集と組版にあたり，多くの親切な指摘をたまわった．さらに，日本薬科大学助手佐々木貴光氏には最初の読者として粗原稿の段階で通読していただき，たくさんの有益な意見をいただいた．謹んで御礼申し上げる．

2004年8月

はるかに蔵王連峰を望む寓居にて

著 者 識

目　　次

第1章　有機化学と私たちの生活

1.0　はじめに …………………………………………………………………… 1
1.1　衣食住と有機化合物——衣食住と有機化学の関係 ………………………… 4
　　1.1.1　衣と有機化学　4
　　1.1.2　食と有機化学　6
　　1.1.3　住と有機化学　8
1.2　毒と薬と有機化合物——毒や薬の正体の多くは有機化合物 ……………… 10
　　1.2.1　毒と薬と有機化合物　12
　　1.2.2　有毒植物，微生物と有機化学　14
　　1.2.3　有毒動物と有機化学　15
　　1.2.4　医薬品の分類　16
　　1.2.5　生薬と抗生物質や合成化学薬品の利用のされ方の違い　17
　　1.2.6　毒や薬としてのアルカロイドの重要性　18
1.3　近代有機化学の歴史——それは尿素の合成に始まった ……………………… 18
　　1.3.1　近代有機化学以前の話　18
　　1.3.2　近代有機化学の勃興　20
　　1.3.3　日本への生薬と本草学の導入　21
　　1.3.4　江戸期の日本の化学——宇田川榕庵と舎密開宗　22
　　1.3.5　明治期以降の日本の化学——日本における近代有機化学の黎明期から現代まで　25
コラム●有機化学と人類の繁栄 ………………………………………………… 28

第2章　有機化学の基礎

2.0　はじめに …………………………………………………………………… 30

- 2.1 有機化合物を構成する元素——C, H, O, N, S, P でほとんど全部 ……………… 30
- 2.2 原子の構造——共有結合について ……………………………………………… 32
  - 2.2.1 水素原子の姿　32
  - 2.2.2 おもな原子の電子配置　33
  - 2.2.3 化学結合の起こるわけ　34
- 2.3 炭素 1～2 個からなる有機化合物とその関連化合物
  ——二日酔いも科学してしまおう ……………………………………………… 36
  - 2.3.1 炭素 1 個からなる有機化合物　37
  - 2.3.2 炭素 2 個からなる有機化合物とその関連化合物　38
  - 2.3.3 炭素 2 個からなるその他の有機化合物の例　42
  - 2.3.4 各種の基といくつかの基本構造について　43
- 2.4 ベンゼン環 1～2 個を含む有機化合物とその関連化合物
  ——アスピリンからダイオキシンまで ………………………………………… 44
  - 2.4.1 ベンゼン環に置換基 1 個が結合した化合物　45
  - 2.4.2 ベンゼン環に置換基 2 個が結合した化合物　45
  - 2.4.3 ベンゼン環に置換基 3 個が結合した化合物　48
  - 2.4.4 ベンゼン環に置換基 4 個が結合した化合物　49
  - 2.4.5 ベンゼン環 2 個が互いに結合した化合物　50
  - 2.4.6 ベンゼン環にやや複雑な置換基 1 個が結合した化合物　53
- 2.5 異性体と立体化学——有機化学の世界は 3 次元 ……………………………… 54
  - 2.5.1 幾何異性体　54
  - 2.5.2 メタンの立体構造　56
  - 2.5.3 不斉炭素と R, S 表示法　57
  - 2.5.4 立体（光学）異性体の発見　58
  - 2.5.5 グリセルアルデヒドと D, L 体　59
- 2.6 有機化合物の表示法と命名法——亀の甲と親しくなる …………………… 62
  - 2.6.1 有機化合物の表示法　63
  - 2.6.2 有機化合物の命名法　64
- 2.7 有機化合物の分類法——よく知られた有機化合物はどのような
  グループに属するか …………………………………………………………… 65
  - 2.7.1 身近な有機化合物の分類法　66

2.7.2　ケミカルアブストラクツについて　67
コラム●アボガドロ数について　……………………………………………　69

第3章　分子中に窒素を含まない有機化合物

3.0　はじめに　……………………………………………………………………　70
3.1　脂肪酸とポリケチド類——食用油やセッケンの正体を知る　…………　70
　　3.1.1　飽和脂肪酸　71
　　3.1.2　不飽和脂肪酸　72
　　3.1.3　アラキドン酸とプロスタグランジン　74
　　3.1.4　2-ノネナール　74
　　3.1.5　EPAとDHA　75
　　3.1.6　グリセリドとセッケン　75
　　3.1.7　グリセリンとニトログリセリン　77
　　3.1.8　合成洗剤　78
　　3.1.9　ドクゼリとチクトキシン　79
　　3.1.10　ジャコウとムスコン　79
3.2　糖質——まずはグルコースを理解する　…………………………………　79
　　3.2.1　単糖類　80
　　3.2.2　配糖体　84
　　3.2.3　アミノ糖　85
　　3.2.4　五炭糖　86
　　3.2.5　単糖類類縁物質　87
　　3.2.6　オリゴ糖類　89
3.3　フェニルプロパノイド——ニッキ飴や桜餅の香りの正体は　…………　91
　　3.3.1　フェニルプロパノイドの生合成　91
　　3.3.2　その他のフェニルプロパノイドの例　92
　　3.3.3　リグニン　94
3.4　フラボノイド——花の色や女性ホルモンとの関係　……………………　94
　　3.4.1　フラボノイドの生合成　95
　　3.4.2　フラボノイドの分類　96

3.4.3 フラボン，フラボノールの例 97
3.4.4 フラバノノール，カテキンの例 99
3.4.5 カルコン，オーロンの例 100
3.4.6 アントシアンの例 101
3.4.7 イソフラボンの例 103
3.5 テルペノイド——レモンの香り，トリカブト毒，そしてステビア甘味成分も ………………………………………………………… 104
3.5.1 モノテルペノイド 105
3.5.2 セスキテルペノイド 107
3.5.3 ジテルペノイド 107
3.5.4 セスタテルペノイド 108
3.5.5 トリテルペノイドとステロイド 109
3.5.6 カロテノイド 111
3.6 その他 ……………………………………………………………… 113
コラム ● 天然染料と有機化学 ……………………………………… 114

第4章 分子中に窒素を含む有機化合物

4.0 はじめに ……………………………………………………………… 115
4.1 アミノ酸とペプチド——カニの甘味，昆布のうま味の正体 ……… 116
4.2 アルカロイド——イノシン酸からLSDまで ……………………… 119
4.2.1 フェニルアラニンおよびチロシン由来のアルカロイド 120
4.2.2 トリプトファン由来のアルカロイド 122
4.2.3 オルニチンおよびアルギニン由来のアルカロイド 125
4.2.4 リジン由来のアルカロイド 127
4.2.5 グルタミン酸由来のアルカロイド 128
4.2.6 ヒスチジン由来のアルカロイド 129
4.2.7 プリンおよびピリミジン骨格を有するアルカロイド 130
4.2.8 テルペノイド骨格を有するアルカロイド 135
4.2.9 ポリケチド由来のアルカロイド 137
4.2.10 C_6-C_1 由来の化合物 138

4.3　その他 …………………………………………………………… 141
コラム●向精神薬と私たち ………………………………………… 142

第 5 章　有機高分子化合物

5.0　はじめに ………………………………………………………… 143
5.1　漆——重合により生成する堅牢な塗装 ……………………… 144
5.2　多糖類——単糖類の重合により生成する高分子 …………… 146
5.3　弾性ゴム——基本骨格はテルペノイドと同じ ……………… 149
5.4　タンパク質——アミノ酸の重合により生成する高分子 …… 152
5.5　核酸——DNA と RNA/ 遺伝子の正体 ……………………… 153
5.6　プラスチックと合成繊維——四大汎用樹脂と PET，テフロン，
　　 そしてナイロンなど ………………………………………… 156
　　 5.6.1　四大汎用樹脂（ポリエチレン，ポリプロピレン，ポリスチレン，ポ
　　　　　 リ塩化ビニル）と，ポリ塩化ビニリデンおよびテフロン樹脂　158
　　 5.6.2　PET（ポリエチレンテレフタラート）樹脂　160
　　 5.6.3　セルロイド　161
　　 5.6.4　メタクリル樹脂と ABS 樹脂　162
　　 5.6.5　ナイロン　163
　　 5.6.6　フェノール樹脂，ユリア樹脂，メラミン樹脂　165
　　 5.6.7　ポリアセチレン樹脂　166
コラム●化学合成有機高分子化合物と人類 ……………………… 167

参考文献 ……………………………………………………………… 168
索　　引 ……………………………………………………………… 169

第 1 章
有機化学と私たちの生活

1.0 はじめに

　この世の中のあらゆるものは，「物」と「現象」に分けられる．風が吹いたり，夕焼けが赤く見えたりすることは「現象」である．これに対して，動植物や微生物にいたるまでのあらゆる生物や，机や建築物，ノート，筆記具，車，水，空気などはいわば「物」である．そして，あらゆる「物」は無機化合物と有機化合物に分類される．これ以外のものはない．

　この本が対象とするのは，世の中の「物」のうち有機化合物に分類されるものである．有機化合物のなかには，石油化学製品のような化学合成で得られるものがある一方，動物や植物や微生物の生命活動によって生じた化合物も多い．

　生命活動によって生じる「物」のなかには，植物の炭酸同化作用によって生じる酸素のような無機化合物もあるが，種類として圧倒的に多いのは有機化合物である．また，天然から単離された有機化合物に加工を加えた半合成有機化合物と称されるものもある．ごく身近な例としてはセッケンがあるし，医薬品のなかにも天然から得られた化合物に加工を加えて利用しているものは多い．

　かつては，有機化合物とは動植物や微生物などの生命の活動によって生じた化合物をさすものであった．よって，有機化学とは生命活動によって生じた化合物の学問であった．有機化学を英語では Organic Chemistry というが，この事実はこの状況を雄弁に物語る．しかし，これを真っ向から打ち消してしまう実験結果が出た．それが，後述のヴェーラー（F. Wöhler）による尿素合成である．1828 年，

彼は，それまで生命現象の結果としてしか得られないと思われていた（そして定義されていた）有機化合物の一種である尿素を実験室で合成してしまったのである．このときから有機化合物は生命の活動によってのみ生じる化合物ではなくなった．

ここまでの話で，有機化学の対象とするものや，その学問としての成り立ちについて漠然とでもわかっていただけたかと思うが，実は有機化学という学問の分化がはっきりしたのはつい最近のことであるといってよい．有機化学という分野がヨーロッパで分化してきたのも19世紀になってからのことである．

ヨーロッパでは，薬剤師という職能が古くからあり，その基本的な知識をさずける場としての大学もあった．しかし，古くは薬として応用されるものの大部分は草根木皮を中心とした天然物であった．今でこそ，薬として使用される動植物などが薬としての作用を示すのは，そこに含まれる有機化合物のなせるわざであることが明らかとなっている．そして，現在，医薬品を理解するには有機化学の知識が不可欠であり，有機化学は薬剤師教育の中枢をなしている．ところが，この事実は長いこと認識されなかったので，ヨーロッパの大学の薬学部においても，近世に至るまで長い間学ばれてきたのは，これらの草根木皮が含んでいる化学成分についてではなく，草根木皮を原料とした薬の鑑定とその薬への調製法であった．

一方，日本においては，大陸から伝来した本草学という学問分野があった．本草学には，薬となる動植物や鉱物などに関する学問といった意味があるが，そのわが国における長い歴史のなかでも，江戸時代末期に至るまで，それらの有効成分を解明するといった手法や考えはなく，有機化学の影は見当たらない．

現在，動植物や微生物由来の薬を理解するために有機化学の知識は欠かせない．前述のように，これらが薬としてのはたらきをするのは，そのなかに薬としての作用をする有機化合物を含有するからである．これらのなかにはキニーネ(quinine)やモルヒネ(morphine)，エフェドリン(ephedrine)など，医療に役立つのみならず，近代有機化学の進歩に大きく貢献した化合物もあった．一方では，逆に，進歩した近代有機化学の恩恵を大きく受けた分野もある．たとえば，微生物が生産する薬である各種抗生物質の探索や研究には，発展した近代有機化学がおおいに貢献している．

ともすれば有機化学は私たちの生活とは縁遠い学問分野と思われがちであるが，

実際には実に密接に関係をもっている．その関係がいかに密接であるかをわかりやすく説明するために，この章では，3つの観点，すなわち，「衣食住と有機化合物」，「毒と薬と有機化合物」，そして，「近代有機化学の歴史」から述べる．

有機化学は衣食住のほか，私たちの美容と健康や環境などに実に密接に関係している．図1.1を見れば，その関係は理解していただけると思うが，有機化合物の存在がなければ私たちの生活はまったく成り立たない．「衣食住」を考えれば，私たちの身につけているもののほとんどは各種の有機化合物であるし，食べ物もしかり，住宅に目を移せば，木造家屋はもとより，コンクリート製の建物でもさまざまな有機化合物に囲まれている．

さらに，「毒」や「薬」と称される化合物の多くは有機化合物であるし，「環境」を理解するのに有機化学の知識は不可欠である．このように考えていけば，有機化学と私たちの関係は限りなく広がっていく．

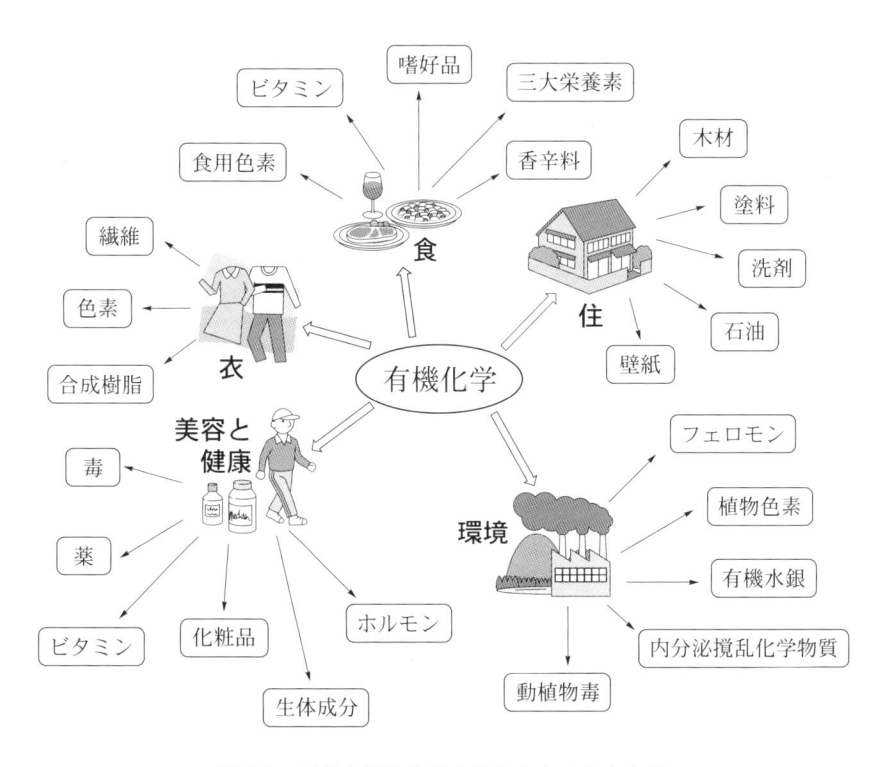

図 1.1 天然有機化合物と私たちとのかかわり

また，この学問の歴史はそう古いものではないが，それでも一朝一夕にできたものではない．そこで次に，その歴史をひもといてみよう．そのことによって，有機化学が私たちの生活に必要不可欠であるからこそ，ここまで発展したことが理解されると思う．そして，いかにこの学問を修得することが重要であるかがわかっていただけよう．

1.1 衣食住と有機化合物——衣食住と有機化学の関係

私たちの生活の基本をよく「衣食住」という．この節では，この衣食住と有機化学は切っても切れない密接な関係にあることを述べる．

ごく身近な衣食住に接しながら，有機化学の重要性を確認していくことができることを知っていただきたい．

1.1.1 衣と有機化学

私たちに馴染みの深い繊維の一つである綿の正体は，実はグルコース（glucose，ブドウ糖）という単糖類がたくさん連なってできた高分子化合物である．紙の繊維も正体は同じである．このように単糖類がたくさん連なった化合物を多糖類という．「私たちの三大栄養素の一つである炭水化物の一種であるデンプンも同じくグルコースがたくさん連なったものではなかったかしら？」と思い付いたあなたは正しい．それでは，私たちはデンプンを食べて消化し，栄養とすることができるのに，なぜ，綿のシャツや紙を食べて消化することができないのだろうか？

その秘密は，綿や紙もデンプンと同様にグルコースがたくさん連なって成り立っていることには間違いないのだが，グルコースどうしの結合の仕方が異なる点にある．そのために，私たちは綿や紙を消化できないのである．

一方，絹や羊毛の主要成分はアミノ酸が多数連なってできた高分子化合物である．すなわち，絹はおもにフィブロイン，羊毛のほうは α-ケラチンというタンパク質から成り立っている．ケラチンは私たちの毛髪（体毛）や，皮膚，爪，トリの羽毛，魚やヘビの鱗なども形成している．そして，毛髪（体毛）や皮膚が α-ケラチンからなっているのに対し，爪や，羽毛，鱗などは β-ケラチンから成り立っている．前者は柔らかいが後者が硬いのは，後者は構造の異なる β-ケラチンからなっているためである．ケラチンには硫黄（S）を含むアミノ酸が含まれ

るため，羊毛を燃やすと大変強い臭気が出る．

　ナイロンは絹の化学構造を真似してつくり出された人造繊維である．期待どおり，絹のような光沢をもつのみならず，絹よりも丈夫なものとなった．ストッキングなどの衣料の素材として多用される繊維の一つである．ナイロンは，タンパク質と同様，小分子がアミド結合で多数連なってできた高分子化合物であるが，構成する小分子が絹とは異なる．絹を構成する小分子が天然のアミノ酸であるのに対し，ナイロンの構成小分子は石炭や石油由来の化学合成物質である．

　ポリエステル繊維は吸湿性が低く，洗ってもすぐ乾き，また，しわになりにくいという特性がある．そのため，紳士・婦人服のほか，ふとん綿などによく使われる．実はこのポリエステル繊維の実態は，最近大変よく使われるようになったペット（PET）ボトルと同じ材料である．PETとはポリエチレンテレフタラート（polyethylene terephthalate）の略で，この材料を繊維状に加工したものがポリエステルといわれるものとなる．

　以上に述べた綿や紙，デンプン，絹，羊毛，ナイロン，PETなどは，天然あるいは人工の高分子化合物と称される有機化合物群である．これらの詳細については第5章で述べる．

　染色に使われている染料もそのほとんどは有機化合物である．現在は化学合成された有機化合物が染料として使われることが多い．そして，合成化学染料工業こそが近代化学工業の幕開けとなった事実もある．昔から行われてきた天然産の染料を使った染め方（紅花染め，藍染め，紫染め，コチニール染め，貝紫染め，他の種々の草木染めなど）においてもその色素の正体は有機化合物である．これらの各色素もこの本の随所で説明することになる．

　貝紫による染色には大量の貝（アクキ貝／悪鬼貝と書く）の中腸腺を必要とする．よって，これによって染められた色はもっとも高貴な色（帝王紫）とされた．後ろだてのシーザー（102～44 B.C.）が暗殺されて追い詰められたクレオパトラ（69～30 B.C.）がアントニウス（82～30 B.C.）に近づき，もてなすために招待した水上宮殿といわれた船の帆は貝紫染めだったという．

　これらのことを理解していただければ，有機化学が無味乾燥な学問ではないことがわかっていただけるであろうし，私たちの生活自体も楽しくなるだろう．有機化学は私たちの身のまわりを理解し，豊かにするための学問なのである．

1.1.2 食と有機化学

　前項でも述べたが，綿や紙，そして稲藁などの植物の構造体を形成する主成分は，ブドウジュースの甘味主成分であるグルコースが多数連なったもの（これを重合体という）である．グルコースはもちろん，私たちの栄養源になる．では，なぜ牛馬は藁を消化することができるのに，ヒトはそれができないのだろうか．藁の主たる成分（セルロース）もデンプンと同様に，グルコースの重合体であるのに，その両者にどういう違いがあるのだろうか．くり返しになるが，セルロースとデンプンのいずれもグルコースの重合体には違いないのだが，グルコースどうしの結合方法に違いがある．それが理解できれば，糖の科学（化学）入門としては十分である．グルコースについては第3章で説明する．また，グルコースの重合体については第5章でやや詳しく説明することはすでにお約束した．

　糖質（炭水化物），タンパク質，そして脂質は三大栄養素といわれる．糖質についてはすでに例もあげたが，タンパク質や脂質も有機化学用語である．タンパク質はたくさんのアミノ酸が連なった化合物群の総称であるし，脂質も特有の生合成経路をたどってつくられた物質群の総称である．脂質は具体的には，バター，マーガリン，ラード，魚油，ゴマ油，コーン油，ベニバナ油などにあたる．これらの2つの栄養素のうち，タンパク質については第5章，脂質については第3章で説明する．また，コレステロールやビタミンという言葉も有機化学のものであり，この本を通読されることにより，これらを正確に理解していただけるようにしたい．

　私たちの感覚には五感というものがあり，触覚，味覚，嗅覚，聴覚，視覚の5つである．よって，これ以外の感覚を冗談まじりで第六感ということになる．食というものはこれらの五感と強く結びついているが，そのなかでも食においてとくに特徴的なのは，味覚と嗅覚であろう．

　味覚には五味があるといわれ，それらは，甘味，塩味，酸味，苦味，うま（旨）味の5つとされる．このうち，最後のうま味は日本人によって提唱された味であり，現在は，英語圏においても，"umami"と称される．その出発点は化学調味料（「味の素」として知られる）の開発であった．読者諸氏のなかには，辛味も味覚に考える方もおられるかもしれないが，辛味は味覚で感じるのではなく，痛覚で感じるのである．

　さて，うま味の発見のきっかけとなった化学調味料（うま味調味料ともいう）

の正体は L-グルタミン酸―ナトリウムであった．これはコンブのだし汁から得られたもので，グルタミン酸はタンパク質を構成するアミノ酸の一種である．一方，かつお節のうま味成分であるイノシン酸は核酸といわれる有機化合物の一群の属する化合物である．グルタミン酸やイノシン酸については第4章で説明する．

なお，甘味を呈する代表的な化合物である砂糖はスクロース（sucrose，ショ糖）という有機化合物であり，酸味を呈する食酢の主成分も酢酸（acetic acid）という有機化合物である．苦味を呈する化合物の代表には緑茶やコーヒーの成分であるカフェイン（caffeine）がある．カフェインはアルカロイド（alkaloid）といわれる一群の化合物の一種である．

以上の化合物はいずれも有機化合物であるが，唯一，塩味を呈する化合物の代表である食塩は無機化合物である．これらの有機化合物のうち，酢酸は第2章，砂糖は第3章，カフェインなどのアルカロイド類は第4章で述べる．

香りの成分として，アイスクリームのバニラ（vanilla）は馴染みの深いものであろう．この香料はラン科のバニラ（*Vanilla planifolia*）の果実から得られるもので，かつては大変に貴重なものであった．ところが，その主成分のバニリン（vanillin）は比較的簡単な化学構造をしていることが解明され，安価な化学合成品が使われるようになったために馴染みの深いものとなったのである．桜餅の香りのクマリン（coumarin）も化学合成品が出回っている．バニラやクマリンについては第3章で述べる．

タバコや茶，酒などは嗜好品とよばれるが，これらにはいずれもある種の化学物質が含まれ，それらが，これらを嗜好品たらしめている．すなわち，タバコではニコチン（nicotine）が，また，茶（コーヒー，紅茶，緑茶，ココアなど）ではカフェイン類が，そして，酒（ワイン，日本酒，ビール，ブランデー，ウイスキー，焼酎など）ではエチルアルコールがその原因物質である．ニコチンはカフェインと同様にアルカロイド類である．

日本人は発酵食品をきわめてうまく利用している民族である．味噌や醤油，納豆，日本酒，各種の漬け物，いずし，しおから，くさやなどは伝統的な発酵食品であるし，現在はこのほか，ワインやビール，チーズなどの輸入された知識による発酵食品もおおいに楽しまれている．発酵食品とは，微生物のはたらきで食物中に含まれる化学成分に化学変化を起こさせ，独特の成分や風味，食感が出るようにつくり出された食品である．その過程はまさに微生物による有機化合物の化

学変換そのものである．日本人は古来，微生物を利用する技術に長(た)けていたためか，現代では，やはり微生物の発酵を利用してつくりだす抗生物質の分野でも世界をリードしている．

以上，述べたように，あらゆる食物は化合物から成り立っており，また，そのほとんどの部分が有機化合物である．そして，動物は他の生物由来の有機化合物を食料にしないと生きていけないという宿命がある．それは，身体が必要とする有機化合物を無機化合物から自在につくり出すことができないからである．たとえベジタリアンといわれる人々であっても，植物という生物は食べている．彼らのなかでも卵を食べる人はいるし，また，卵を食べない人でも動物性のタンパク質はミルクなどから摂取したりしている．

1.1.3 住と有機化学

こんどは私たちの住の領域と有機化学の関係についてみてみよう．

住宅の基本骨格としては，コンクリートや鉄も使用されるが，有機化合物からなる木材も多用される．木材を木材たらしめているリグニン（lignin）やセルロースとはどのような化合物なのであろうか．和紙の主成分もセルロースである．一方，すでに述べたように，紙や，綿，麻などの天然素材からなる布の主成分も有機化合物である．これらも壁紙などの建材に利用される．壁紙には「紙」と称しながら，紙ではない合成樹脂を利用したものも多い．

建材として，アオモリヒバは腐りにくいものとして賞用されている．この材には，ヒノキチオール（トロポロン類）などのテルペノイド（terpenoid）成分が多く含まれており，腐りにくいし，虫による害も受けにくい．

木材などの素材に漆(うるし)塗りをほどこすと堅牢になる．漆の成分は天然の状態では単体であるが，これが外気と水分にふれると酵素反応をひき起こして重合し，堅牢な塗料となる．漆は天然由来の高分子化合物の原料であり，漆塗りの過程はまさに重合反応そのものである．妙な言い方になるが，漆塗りは，いわば天然有機化合物由来の合成高分子化合物の利用といえる．漆器(しっき)のことを英語で「japan」と称するほど，漆器は日本のきわめて優秀な素材と技能からなる什器(じゅうき)である．

近年は身のまわりに安価で便利な合成樹脂（プラスチック）がたくさん出現しており，これはまさに高分子合成化学の進歩と応用のたまものである．一見して天然素材だけを使用しているようにみえる場合でも，接着剤としての合成樹脂の

使用も多い．合成樹脂製の材料は，一般に安価であるし，見栄えも良いものが多くなってきた．濡れや汚れ，腐食に強いことなどの特徴もあり，使いようによっては大変に良いものである．

たとえばザルのことを考えても，以前は竹を編んだりしてつくった．このような製品はつくるのに手間もかかり，安いものではなかったし，手入れもやっかいであった．ところが，今は，竹製のザルと同じ機能をもつ合成樹脂製のザルが安価に大量に出回っている．これらのザルは色合いもさまざまで，洗浄も楽であり，きちんと洗っておけばカビがはえる心配もない．

ザルを一例としてあげたが，廉価品（れんか）から高級品に至るまで，現代では合成樹脂が多用され，量的にもばく大なものになっている．その廃棄処分などをめぐって，とかく悪者視されがちであるが，合成樹脂の出現のおかげで，かつてはタケノコの皮や経木，古新聞などを利用してきた包装がどれだけ進歩したかをみても，合成樹脂のありがたさは理解していただけるであろう．そして，自動車や新幹線，飛行機の部材や接着剤，インスタント食品の包装などに合成樹脂は欠かすことができず，合成樹脂がなければ現代生活は成り立たないといってもよい．

このように，合成樹脂製品は大変有用なものであるが，自然界に放出されても分解しない．また，ウミガメがポリ袋をクラゲと間違って食べて死亡してしまうというような生態系破壊の事態も招いている．また，かつては起こりえなかったことであるが，近年の畳の芯は合成樹脂を使用しているために，畳に石油をこぼすと畳の芯が溶けてしまう，などということも起こっている．

さて，私たちは合成樹脂あるいはプラスチックなどと一括してよんでいるが，これらは化学的にどのようなものなのか．衣料の項でPETのことを述べたが，そのほかにも，ポリエチレン（polyethylene，いわゆるポリ袋や密封容器など），ポリプロピレン（polypropylene，衣類のケースやポリバケツなど），ポリ塩化ビニル（polyvinyl chloride，タイルや上下水道のパイプ，電気のコードの被覆など）やポリ塩化ビニリデン（polyvinylidene chloride，電子レンジに使えるタイプのラップなど），ポリスチレン（polystyrene，発泡スチロールや卵のケースなど）などが，私たちの身のまわりにある．本書の読者には，ぜひ，これらの各種の合成樹脂を化学的にも理解できるようになっていただきたい．現代生活を営むには，これらの違いをしっかりと押さえておくくらいのことは，欠くことのできない教養になったと思う．

住まいで使う身近な有機化合物として，セッケン，化粧品（香料），医薬品などは重要な位置をしめている．セッケンは油脂由来の産物である．さて，それではどうして油脂からセッケンができるのだろうか．その正体と作用はいかなるものか．一方，化粧品に使用される香料はテルペノイドといわれる化合物群が多い．それではテルペノイドとはどのようなものであろうか．麝香（じゃこう）はジャコウジカのオスからとれる香料であるが，麝香の香り成分はどのような化学構造をもっているのであろうか．さらに，医薬品のアスピリン（aspirin）やイブプロフェン（ibuprofen），アセトアミノフェン（acetaminophen）はどのような有機化合物であろうか．このようなことを知っておくことも，現代の生活を営むうえで重要なことに違いない．

　一方，私たちの住宅のまわりにはさまざまな植物があるが，それらのなかには有毒なものや，良い香りをもつものも多い．有毒作用も，花の香りも，花の色も有機化合物のなせるわざである．すなわち，これらの正体も各種の有機化合物である．また，園芸に用いる農薬も各種の有機化合物を応用したものが多い．私たちは，除草剤として2,4,5-Tを，また，殺虫の目的でニコチンやマラチオンなどの農薬を使用するが，私たちがこれらの農薬を正確に理解するためには，有機化学の知識が不可欠である．

　植物は有機化合物の生産工場である．以上あげた化合物のうち，植物由来のものは，基本的には空気中の二酸化炭素を原料として炭素骨格をつくっている．セルロースやデンプンなどは，二酸化炭素と水から植物の体内でつくられたグルコースが多数つながった化合物である．このような複雑な化合物を，植物は日々，まちがいない形に，しかも大量につくり出している．

　以上に述べたような事項は，それぞれ，第3～5章で説明していくことにする．

1.2　毒と薬と有機化合物——毒や薬の正体の多くは有機化合物

　毒という漢字は，女性がたくさんの大きな簪（かんざし）をつけてひざまづいている様子を表した象形文字であるという．そういえば，けばけばしく着飾った様を「毒々しい」と表現することがある．

　一方，薬という漢字の源はくさかんむりに楽である．一見，「（薬）草」で体を「楽」にするということからきているようにみえる．しかし，実際には，くさか

んむりが薬になる草を表すことは確かであるが，楽のほうは薬草をくだいたりつぶしたりする音を意味するという．それは，楽の字が入っている「轢死(れきし)」がどのような意味をもつかを考えれば理解していただけよう．

毒や薬の一部には無機化合物もあるが，大部分は有機化合物といってよい．世界的に有名な強い毒の例を，おもに50％致死量（LD_{50}）をもとに表1.1に示したが，ここに掲げたものは青酸カリを除けば，すべて有機化合物である．また，天然から得られるものが圧倒的に多い．

なお，この表には，あくまでも急性の毒作用が顕著な毒を示した．毒のなかには急性毒性が弱くても発癌(がん)作用などにより，ゆっくりと身体を侵すものが存在す

表1.1 これまでに知られている毒性の強い物質

毒の名前	$LD_{50}(\mu g/kg^{c)})$	由来
ボツリヌストキシン[a]	$0.0003^{d)}$	微生物
破傷風毒素（テタヌストキシン）[a]	$0.002^{d)}$	微生物
マイトトキシン	0.05	微生物
リシン[a]	0.1	植物（トウゴマ）
シガトキシン	0.4	微生物
パリトキシン	0.5	微生物
バトラコトキシン[b]	2	動物（矢毒ガエル）
サキシトキシン[b]	3.4	微生物
テトロドトキシン[b]	10	動物（フグ）/微生物
VXガス	15.4	化学合成
ダイオキシン（TCDD）	22	化学合成
d-ツボクラリン[b]	$30^{d)}$	植物（クラーレ）
ウミヘビ毒[a]	100	動物（ウミヘビ）
アコニチン[b]	120	植物（トリカブト）
ネオスチグミン	160	化学合成
アマニチン[a,b]	400	微生物（毒キノコ）
サリン	420	化学合成
コブラ毒[a]	500	動物（コブラ）
フィゾスチグミン[b]	640	植物（カラバルマメ）
ストリキニーネ[b]	960	植物（馬銭子(まちんし)）
青酸カリ	10,000	化学合成

a)ペプチド，b)アルカロイド，c)$\times 10^{-3}$ mg/kgまたは$\times 10^{-6}$ g/kgに同じ，d)最小致死濃度．

る．また，摂取した個体には毒作用を示すことなく，その子孫に影響を与える遺伝毒や，摂取した本人の生命をうばうことはしなくても，健全な社会生活を破壊する麻薬・覚せい剤・大麻の類もある．近年問題になっている環境ホルモン（内分泌撹乱化学物質）の毒作用は，生殖を異常にしてしまうことで，その種の絶滅に結びつきかねない化合物である．すなわち，一見，個体にもその子孫にもめだった毒作用は示さないものの，その種全体をみると，ひそやかに滅亡の方向に向かわせる（全体の繁殖力がにぶるなど）作用を示すものもある．

1.2.1　毒と薬と有機化合物

　毒と薬には密接な関連性があり，両者を明確に分けることは不可能である．図1.2に示すとおり，毒と薬が別に分類されることはなく，毒と薬の両面の性格を有するものが一部となっているわけでもない．あくまでも，何らかの生物活性を示す化合物は毒と薬の両面の性格をもつと考えるべきである．そして，毒と薬の性格を決めるものは人間側によるその使い方である．すなわち，毒と薬の両者に境界線をひくことはできない．

　毒も薬もおもにヒトの生命活動に対して，何らかの影響を及ぼす化合物（化学物質）である．このような化合物を私たちは，「生物活性物質」あるいは「生理活性物質」とよんでいる．私たちは，そのなかで，好ましい方向へ影響を及ぼすものを「薬」といい，好ましくない方向へ影響を及ぼすものを「毒」といっているにすぎない．

　たとえば，ひとまず「毒」を，『広辞苑』にあるとおり，「生命または健康を害するもの」と理解しておくと，人類は毒とさまざまな形でかかわってきたといえる．これまでの人類の歴史上，毒を，殺人や自殺の目的で用いた例はあまたあり，戦争に毒が使われた例もある．さらに，現在でも毒薬による合法的な死刑執行が行われている国があり，化学兵器を保有する国もある．一方，人類は，毒の平和的有効利用法も見い出した．たとえば，狩猟に毒矢や魚毒を巧

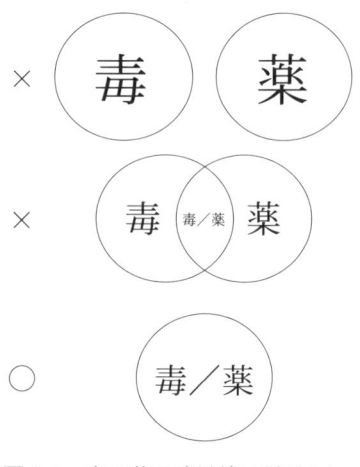

図 1.2　毒と薬の境界線は引けない

1.2 毒と薬と有機化合物

みに用いる民族があるし，殺虫剤や除草剤，さらには，抗生物質という毒を医療に巧妙に利用する化学療法を開発した．

いかなる生物（生理）活性物質にも，毒あるいは薬となる可能性は秘められているが，いずれの化合物も，生まれながらに毒あるいは薬というわけではない．それを毒とするのも薬とするのも人間の側の仕業，その使い方なのである．たとえば，殺虫剤や除草剤は駆除される側の昆虫や雑草にとっては毒にすぎないが，私たちはこれらを農「薬」とよぶ．また，抗菌性をもつ抗生物質も殺される微生物の側からみたら毒にすぎないが，これを私たちは通常，毒とはいわず「薬」といっていることを述べれば，毒や薬の判断は人間側の一方的な判断にすぎないことを理解していただけるであろう．

以上述べたような毒や薬は人類がその歴史のなかで一つひとつ見い出してきた．まさに人類の宝ともいうべきものである．そして，毒や薬を理解するためには，有機化学の知識は不可欠である．むしろ，有機化学なくして毒や薬はありえないといってもよいほど，両者の関係は密接である．しかし，次項に述べるが，毒や薬と有機化学との間に密接な関係のあることがわかったのは，人類の歴史からみたらごく最近のことである．

一方では，各種動植物由来医薬品の有効成分の解明研究は，近代有機化学の発展をうながす原動力となった．逆に，先にも述べたように，ペニシリンのような微生物由来の抗生物質の探索研究には発展した有機化学の力がおおいに寄与した．両者の関係は切っても切れないものである．現在，大量に使われているアスピリンは化学合成によって製造されているが，もともとは植物成分の化学変換によって得られたものである．いずれにしてもペニシリンもアスピリンも，近代有機化学の発展なくしては人類が手にすることができなかった人類共有の宝物である．

薬と毒は表裏一体となっていると述べた．そこで，そのわかりやすい具体例をいくつかあげよう．

たとえば，ナス科に属するチョウセンアサガオ（キチガイナスビ）やハシリドコロの有毒成分であるアトロピン（atropine）は，また一方では，サリン（sarin）などの有毒物質の解毒剤としての応用方法がある．

モルヒネ（morphine）は効果の確かな鎮痛薬であるが，使い方を誤ると耽溺におちいり，廃人となる可能性がある．モルヒネの化学誘導体であるヘロイン（heroin）にはさらに強い耽溺性がある．

コカイン（cocaine）もまた耽溺におちいる危険性の高いアルカロイドで，現在，大きな社会問題になっている化合物の一つである．コカインはかつては局所麻酔薬としての応用があったが，現在はコカインの化学構造を参考に化学合成されたものが使用されている．

エフェドリン（ephedrine）には喘息（ぜんそく）の特効薬としての一面がある．しかし，一方では，その一化学誘導体であるメタンフェタミン（methamphetamine）は覚せい剤として有名である．エフェドリンは明治時代の初め，日本の近代薬学の黎明（れいめい）期に日本で研究され，日本の近代薬学の嚆矢（こうし）となった化合物といってもよい．

一見安全そうにみえる化合物でも，医薬品として使用されるものには身体に対して何らかの変化を期待するものであるから，使い方を誤ると必ずや有害作用が出現する．よって，その使用と管理には十分な注意が必要であり，薬については，その処方をする医師と，その管理と調剤をする薬剤師という，それぞれ別の専門家が必要な所以（ゆえん）である．

1.2.2　有毒植物，微生物と有機化学

身近にある植物のなかにも有毒なものは結構ある．たとえば，スイセン，スズラン，ヒガンバナなどの美しい花を咲かせる植物も有毒物質を含む．オモトや，ジギタリス，ドクゼリ，ドクニンジン，トリカブト，ハシリドコロなどは人命にかかわりかねないほどの有毒成分をもっている．一方，ウルシやイチョウ（ギンナンの外種皮）のように人命にかかわるほどではないが，かぶれを起こすものもある．

山菜と有毒植物を取り違えての食中毒事件も多い．ドクゼリの根をワサビと間違えてしまい，30 人以上の人が中毒した事例が宮城県で起きた．

植物以外では，担子菌類（たんしきん）のキノコによる中毒事例も多い．東北地方にはドクササコという有毒キノコがあり，このキノコを食べると 1 カ月以上もの間，手足の指がはれあがり，痛むという．

いろいろな食中毒の原因として微生物の生産する有毒物質によるものは多い．家庭における食中毒も気を付けなければいけないが，とくに業（ぎょう）として食べ物を提供する者が食中毒をひき起こすということは，悪意はなくても（悪意があったら重大犯罪である），結果として毒を盛ったのと同じことになる．食中毒に対する業者への行政指導が厳しい所以である．もっとも多いのはブドウ球菌のエンテロ

トキシンによる中毒であるが，コレラトキシン（コレラ毒素），ボツリヌストキシン，カビ毒（アフラトキシンなど）などによる中毒もある．

食中毒以外でも，ジフテリアトキシン，破傷風毒素（テタヌストキシン），麦角毒素などは微生物が生産する有毒成分によって身体に悪影響を及ぼす事例となる．麦角毒素はオオムギにつく菌である麦角菌の産生するトキシン（毒素）で，リゼルギン酸を基本骨格とするアルカロイドの一種である．リゼルギン酸の化学誘導体の一つとして半化学合成された化合物がLSD（ドイツ語でLyserg Säure Diethylamid，lysergic acid diethylamide，リゼルギン酸ジエチルアミド）である．

馬鹿苗病はイネに微生物が寄生し，微生物がジベレリン類を出すことによってイネが徒長し（異常に伸びること），ついに枯れてしまう病気である．この場合，ジベレリン類はイネにとって有毒物質である．

以上のような事例を正確に把握するためにも，有機化学の知識が必要であることはわかっていただけると思う．

1.2.3 有毒動物と有機化学

動物にも有毒物質をもっているものがある．

有機酸としてもっとも小さな分子量をもつギ（蟻）酸は当初，蟻から単離されたのでこの名前があり，焼けるような痛覚をもたらす化合物である．ハチの毒としては，タンパク質系の化合物も知られている．同じ種類のハチに再度刺されると，いわゆるアナフィラキシーショックを起こすので危険である．クモの毒は最近になって，アルカロイドのポリアミン類であることがわかってきた．なお，クモは例外なく毒を有しているが，そのおもな対象となるものは昆虫であり，ヒトに対する毒性をもつものはまれである．

一方，南米に有毒成分をもったカエルがいる．このカエルをコーコイガエルといい，現地人はその毒を吹矢の矢毒に使用している．アルカロイドのバトラコトキシン類が，その有毒成分であることが明らかとされている．近年，ニューギニアで毒のある鳥が発見された．その羽や筋肉，内臓に有毒成分が含まれていたので，その化学構造を調べたところ，バトラコトキシン類の一種のホモバトラコトキシンであった．有毒鳥がみつかったのはこれが世界で初めてである．日本には鴆毒や鴆殺という言葉が古くからあり，これは有毒鳥を使った暗殺のことであった．しかし，これまでに有毒鳥の存在は実証されていなかったので，鴆毒や鴆殺

は伝説の世界または荒唐無稽な話とされていた．これが，この有毒鳥の発見で，がぜん現実化したのである．

　以上の話をよく理解するためには有機化学の知識が不可欠であることは容易に理解していただけるであろう．上記の有機化合物はこのあとすべてこの本に登場する．この本を通読され，理解されたら，上記の話がより具体的にわかっていただけるようになると思う．

1.2.4　医薬品の分類

　医薬品にはバルビツール酸系の化合物や，アスピリン，フェナセチンのような化学合成薬，熊肝や麻黄のように動植物や鉱物を材料とする生薬（しょうやく），葛根湯（かっこんとう）や当帰芍薬散（とうきしゃくやくさん）のように生薬の配合によって成り立つ漢方薬，モルヒネやアトロピン，キニーネ，エゼリンのように生薬から単離された薬物，微生物の発酵によって得られる抗生物質，そして，ワクチンや血液製剤などがある．

　これらの医薬品には分類が簡単でないものも多い．たとえば，アスピリンは現在は化学合成薬とみなされているが，元来は植物成分のサリシンの化学変換物であるサリチル酸をアセチル化した物質であった．すなわち，この段階では生薬由来の化合物の誘導体である．しかし，これには優れた解熱鎮痛作用があり，しかも化学構造が簡単なことから，後に大量に全合成が行われるようになった．よって，その歴史も考慮するとアスピリンを簡単に化学合成薬と規定することすら難しい．

　もっと分類が困難なのはクロラムフェニコールの例である．この薬物は，はじめは微生物の発酵によって得られた抗生物質であった．しかし，現在はクロラムフェニコールは化学合成によって生産されている．さて，この薬物は抗生物質というべきであろうか，または化学合成薬に分類されるべきであろうか．

　さらに，分類が厄介なのはピルなどに用いられるステロイド系ホルモンである．ホルモン類はもともと動物の一種であるヒトの体内に存在する物質である．しかし，薬物としてのこれらの化合物は，現在はヤマノイモ科の植物から単離される植物成分に化学反応や微生物の発酵現象を利用した反応（これを微生物変換という）を加え，さらに天然のものとは少し形を変えたものとして調製されている．こうなると，この薬はどれに分類すればよいのやら，まったくわからなくなる．

　以上の事情からも察していただけると思うが，当然，「天然物由来の薬」とい

う定義はかなり広いものとなる．いわば，動植物や微生物の生命活動によって生成された化学物質とどこかで関連した薬全般といえようか．このなかには，単離された化合物およびその誘導体のみならず，化学成分を単離することなく使用される生薬やワクチン，血液製剤なども含むこととなる．

　天然物化学とは，動植物，微生物などの天然物由来の化学成分全般に関する学問である．しかし，たとえば，天然物由来の有毒成分の研究をしても，色素成分の研究をしても，甘味や苦味成分の研究をしても，あるいはアルカロイド成分の研究をしても，これらは天然物由来の医薬品とどこかでつながることが多いので，「天然物化学」は「天然物由来の薬の化学（科学）」とほぼ同義であるといってよい．

　すなわち，ジギタリスの主たる有毒成分の一つであるジギトキシンは，同時にこの植物の強心成分の本体の一つであるし，紫根（ムラサキの根の乾燥品）の色素成分であるシコニンはこの生薬の有効成分の一つである．さらに，ステビアの甘味成分であるステビオシドは健康上砂糖を多く摂取したくない人などに使用される．アルカロイド類にはいろいろな薬理作用をもつものが多い．たとえば，モルヒネ，ニコチン，コカイン，アトロピン，キニーネはいずれも植物由来のアルカロイドである．よって，アルカロイドの化学（科学）研究は，医薬研究ときわめて密接なつながりをもっている．

1.2.5　生薬と抗生物質や合成化学薬品の利用のされ方の違い

　ある動植物の全体，またはその薬効を示す部位（たとえば根や葉，内臓など）を集め，薬として利用すべく乾燥などの調製を加えたものを生薬という．生薬には，漢方薬に配合される生薬（これらに対し，漢方用薬という呼び方を提唱する），漢方には用いられていないが日本の民間に伝承する民間薬，ヨーロッパやアメリカなどから伝来した西洋生薬などがある．漢方用薬および漢方には使用されなくとも大陸由来の生薬を総合した名称である漢薬と日本の民間薬とをあわせて和漢薬と総称することもある．

　前項にあげた各種の医薬品中，化学合成薬や抗生物質の場合には，単品が単離されるか，またはたとえ完全な単品でなくとも同類の化合物の混合物の段階までは精製されて使用されるのが常である．

　これに対して，植物を医療に用いる場合には，先にあげたモルヒネのように化合物として単離されたものを医薬品として応用する例もあるが，有効成分を単

離することなしに生薬の形で用いることのほうが圧倒的に多い．現在でも，洋の東西を問わずリンドウの仲間の根部を苦味健胃薬として用いたり，東洋では大黄（ダイオウの根部の乾燥品），ヨーロッパではセンナの葉を便秘薬として用いたり，日本の民間ではゲンノショウコをお腹の薬として，柿の葉を血圧下降の目的で用いたりと，化合物の単品として取り出すことなく植物の抽出物として使用されることが多い．漢方で処方される漢方薬も，ほんの一部の鉱物を除いては単品ではない．そして，この状況はそう変わるものではないと思う．

1.2.6 毒や薬としてのアルカロイドの重要性

以上の記述からも理解していただけると思うが，天然物由来の毒や薬には，アルカロイドといわれる化合物群がかかわりをもっていることが多い．

それではアルカロイドとは何であろうか．アルカロイドの詳細については第4章で述べるが，次に簡単に説明する．

この世界にある有機化合物を，分子中に窒素を含む化合物と，窒素を含まない化合物とに大きく二大別して考えると便利なことが多い．そして，窒素を含む化合物のうち，アミノ酸やアミノ酸が重合してできるペプチドやタンパク質，DNA や RNA などの核酸を除く化合物をアルカロイドというのである．すなわち，かなり雑多な化合物の集まりといえる．

アルカロイドの生物（生理）活性成分としての重要性は，その実例を列挙すれば明らかであろう．アルカロイドの例としては，モルヒネ，キニーネ，ニコチン，コカイン，エフェドリン，ソラニン，アコニチン，ビタミン B_1，ビタミン B_6，アトロピン，ヒスタミン，L-ドーパ，ベルベリン，イノシン酸，コルヒチン，ストリキニーネ，カフェインなどがある．

この世界において知られている主要な有毒成分を列挙した表1.1 (p.11) をもう一度ご覧いただきたい．この中には，天然に存在する有機化合物，とくにアルカロイドと称される化合物がきわめて多いことがわかる．

1.3　近代有機化学の歴史——それは尿素の合成に始まった

1.3.1　近代有機化学以前の話

この項では，有機化学の歴史の概略を述べる．有機化学の歴史はきわめて浅い．

1.3 近代有機化学の歴史

　古代からの科学としての歴史のある無機化学領域とは異なり，本格的な科学の一分野といえる有機化学が始まったのは近代科学が勃興してからのことである．すなわち有機化学の始まりは近代有機化学の始まりであり，その歴史は19世紀に始まったといってよい．そして，近代有機化学と近代医薬の歴史は密接なかかわりをもっていることにも着目していただきたい．

　ヒトは，その種としての誕生から，さまざまな動植物との関係をもってきた．そして，動植物のあるものはヒトにとって何らかの悪さ，すなわちヒトにとって都合の悪い作用をすることを見い出してきた．また，一方では，動植物のあるものを病気や怪我のときに利用すると，都合のよい作用を示すことを知った．そして，ある動植物に前者のような望ましくない作用がある場合を毒，そして後者のようなご利益がある場合を薬というようになった．時には，まったく同じものが，ある場合には毒とよばれ，また，ある場合には薬とよばれることもままあった．この状況は今も変わっていない．

　人類は実にいろいろな薬物の記録を残してきた．古くはエジプトのパピルスに記された文書やメソポタミアの楔形(くさび)文字で記された記録にも薬物の記録があるというから，人類はまるで薬物の記録をしたいがために文字や記録法を発明したのではないかと思われるほどである．アジアにおいても，古代中国では薬や農耕に関する伝説上の人物（神様）である神農(しんのう)（またはしんのう）が，「日に百草を嘗(な)め一薬を知る」という方法で見い出したという薬の記録があり，『神農本草経(しんのうほんぞうきょう)』として伝わっている．もともとは漢代（202～220 B.C.）に著されたというが，実物は現存せず，その後の中国の梁(りょう)の本草学者，陶 弘景（456～536）が著した『本草経集注(しっちゅう)』で内容を知るほかない．ただ，これも原著は失われ，現在ではその後に出された種々の解説書によってその内容を推定するしかないという．

　一方，各民族はそれぞれ古くから喫茶の習慣を確立してきた．コーヒーや紅茶，緑茶，ウーロン茶，ココアなどがそれである．いずれも古い歴史をもっており，日本に中国から喫茶の風習が伝わったのは室町時代（14～16世紀）のこととされる．当初，茶は不老長寿の薬として伝えられた．各民族に喫茶の風習が定着した時期やお茶とする植物の種類，そして地域も異なるのに，興味深いことは，いずれのお茶もそれぞれ，カフェインまたはその類縁のアルカロイドを含んでいることである．

　さらに，喫煙の習慣はアメリカ大陸からコロンブスがヨーロッパに持ち帰っ

たものともいわれるが，現在は全世界に広がっている．タバコに含まれる興奮性（のちに抑制性に作用する）の生物活性成分もアルカロイドであり，ニコチンおよびその類縁体である．

上記のカフェインやニコチンのほか，大変古くから薬として使用されてきたアヘン（阿片）の主成分であるモルヒネや，南米にて嗜好品として利用されてきたコカ葉の主成分であるコカインも，近代有機化学の発展により，アルカロイドといわれる化合物群に属する有機化合物であることがわかった．これらの植物由来の嗜好品（あるいは薬物）はいずれも大変古くから使われた歴史があるものの，その化学的（科学的）な謎が解明され始めたのは，近代有機化学が発展してからのごく最近のことである（表1.2参照）．

表1.2 19世紀のアルカロイド発見史

1805年：モルヒネ
1816年：エメチン
1818年：ストリキニーネ
1820年：キニーネ，コルヒチン，カフェイン
1828年：ニコチン
1833年：アトロピン
1860年：コカイン
1864年：フィゾスチグミン
1875年：ピロカルピン
1885年：エフェドリン（報告は1892年）

1.3.2 近代有機化学の勃興

18世紀に基礎が確立された自然科学は19世紀中ごろからめざましい発展を遂げる．そして，このころから有機化学もひとつの専門分野として認められ，やがて，日本でも職業的専門家としての有機化学者が現れる．そして，次第に専門分野が細分化していき，組織化され，巨大化して現代に至る．

19世紀を迎え，人類の歴史は近代科学（近代化学）の時代に入った．すると，それまで生薬として伝わってきたこれらの毒や薬の作用を示す薬物から，ヒトに生物活性を示す化合物を純粋に単離し，その化学構造が調べられるようになる．そのなかでも，1805年のドイツの薬剤師ゼルチュルネルによるアヘンからモル

1.3　近代有機化学の歴史

表 1.3　19 世紀の有機化学上のおもな業績

1805 年：ゼルチュルネル（F. W. A. Sertürner, 1783～1841）によるアヘンからのモルヒネの単離．

1807 年：ベルセリウス（J. J. Berzelius, 1779～1848）によって，生命現象によってつくられる化合物を有機化合物（organic compound）と称することが提唱された．

1828 年：ヴェーラー（F. Wöhler, 1800～1882）による無機化合物から有機化合物である尿素の合成．

1832 年：リービッヒ（J. F. von Liebig, 1803～1873）は現在も続いている有機化学の学術雑誌（*Annalen der Chemie*）を創刊した．また，実験を通しての有機化学の教育法を実践．その門下が世界中に広がる．

1858 年：ケクレ（F. A. Kekulé, 1829～1896）が原子間の結合を線によって図式化して表す方法を提唱．

1865 年：ケクレにより，ベンゼンの化学構造式が提唱された．

1897 年：BASF[a]社によるインジゴ生産（近代合成化学工業の幕開け）．

1899 年：アスピリンの化学合成がバイエル（Bayer）社によってなされた．

---

a) Badishe Anilin-und Soda-Fabrik

ヒネを単離したという報告は，生薬からの有効成分の単離の嚆矢となるものであり，きわめて重要な転機であった（表 1.3 参照）．

1.3.3　日本への生薬と本草学の導入

　753（天平勝宝 5）年に唐から鑑真（687～763）が来日している．その際，大量の生薬も伝えたらしい．一方，756（天平勝宝 8）年に奈良東大寺の正倉院に献納された生薬のリスト『種々薬帳』は今日に残り，リストにあげられている 60 種の生薬の一部も現存している．これらは地上の倉に保存され続けた生薬としては世界最古のものであると思われるが，時期的にみて，その中には，鑑真がもたらした生薬もあるに違いない．

　『種々薬帳』にある生薬の一つに冶葛というものがあったが，その正体は永年の間不明であった．しかし，1996 年になり，残された生薬の最新機器分析法による研究により，冶葛の正体はマチン科の *Gelsemium elegans* の根であると結論づけられた．

　動植物のあるものは生薬として病気に応用されてきたが，日本では，その有効

成分を解明するなどの科学的な研究は長い間ぱたりと止まったままであった．すなわち，近代化学が勃興するまで，その有効成分を明らかにするという方向性はなかった．わが国における生薬の研究を意味する「本草学」とは，中国から伝わった種々の生薬の作用およびその原料の確認と記述がおもな研究であった．この状況が，何と奈良時代から明治時代初期までの1000年以上にわたり続いたのである．

1578年には，明の李 時珍（1518〜1593）によって『本草綱目』が著される（出版は李 時珍の死後の1596年）．この書物は，それまでに著された各種の生薬1890種に関する記述（書物）を総合した膨大なものであった．しかし，この本の出現時においても，生薬の有効成分という概念はまったくない．この本については，幕府の儒官であった林 羅山（1583〜1657）が1607年に『本草綱目』を長崎で手に入れ，徳川家康に献上したというエピソードがある．

1.3.4　江戸期の日本の化学——宇田川榕菴と舎密開宗

江戸期の日本には「化学」という言葉がなかった．現在使われている化学という言葉は，中国語からの借用である．そして，化学という単語が使用された嚆矢は，幕末の1861年に川本幸民（1809〜1870）によって著された『化学新書』である．しかし，これは写本としてのみ伝わり，刊行されなかった．

幕末から明治初期に至るまで，わが国で，いわゆる現在の化学を学ぼうとする者の聖典ともいえるものは，宇田川榕菴（1798〜1846）によって著された『舎密開宗』である．

舎密開宗の著者である宇田川が生きていた幕末時期の日本の化学および科学にまつわる事項を，この分野の世界の動きと比較しながら少しみておこう．まず，1805年には，華岡青洲（1760〜1835）による全身麻酔手術が行われた．使われた全身麻酔薬の通仙散には，第4章でふれるナス科のチョウセンアサガオが配合されている．

この年（1805年）は前述のとおり，ゼルチュルネルによりモルヒネの単離が報告された年でもある．1815年には杉田玄白の『蘭学事始』が成立している（刊行は1869年）．

そして，1828年にはいわゆるシーボルト事件が起こるが，この事件にはチョウセンアサガオと同様にアトロピン系アルカロイドが単離されるナス科のハシリ

ドコロがからんでいる．すなわち，1826 年，江戸に滞在したシーボルト（P. F. B. von Siebold, 1796 ～ 1866）をたずねた眼科医の土生玄碩（1768 ～ 1854）は，シーボルトが瞳孔を広げる薬（ベラドンナ）をもっていると聞き，その分与を願い出た．シーボルトはこころよく分けてくれたので，土生はさっそく眼科手術に用いてみると，まさに瞳孔が開く．そのうち薬がきれてしまい，もう一度シーボルトに分与を強く願った．その際，土生は，もっていた葵の紋服（将軍から与えられたもの）をシーボルトに贈った．シーボルトは，自分の手持ちの薬も少なくなっていたので再分与はしなかったが，「日本にも同じものがある」といって教えてくれたのが，ハシリドコロである．じつは，シーボルトは先に尾張の官で本草学者の水谷豊文（1779 ～ 1833）から，写生したハシリドコロの図を見せられており，彼はそれをひとめ見てベラドンナだと判断していたのである．これが，わが国でハシリドコロをベラドンナに代用した嚆矢である．

　その 2 年後の 1828 年，長崎の港に停泊していたオランダ船コルネリウス・ハウトマン号は，折り悪しく吹きあれた台風のために岸に乗り上げて大破した．そして，帰国にそなえて同船に積みこんでいたシーボルトの荷物は陸揚げされ，役人の臨検を受けることになった．そのなかに，天文方の高橋景保（1785 ～ 1829）の贈った『大日本沿海輿地全図』（伊能忠敬作）の写しとともに，土生の贈った葵の紋服が見つかった．双方とも当時は国禁のものであったので，たちまち大問題となった．ついに土生玄碩や高橋景保らは捕えられ，牢死した景保はあらためて打ち首による死罪，玄碩は改易となった．罪は一族にも及び，結局，シーボルトの門人も含めて 50 余名が刑に服した．シーボルトもまた国外追放・再渡航禁止となり，翌年，長崎をあとにした．これが，現在伝わっている，いわゆる「シーボルト事件」のあらましとされている．なお，この 1828 年はヴェーラーにより尿素が化学合成され，有機化学の概念が変わった年でもある（図 1.3）．

　1837 年には緒方洪庵（1810 ～ 1863）により大阪に適塾（適々斎塾）が開かれる（1838 ～ 1862 年）．この塾には後に慶応義塾を開設した福沢諭吉（1835 ～ 1901）も在籍した．同時期の 1839 年には蘭学者たちへの大規模な弾圧事件である「蛮社の獄」が起こっている．

　同じ 1837 年には，宇田川による上述の『舎密開宗』の刊行も始まった．日本における化学の歴史において，宇田川の功績はきわめて大きい．彼はこの本の執筆により，江戸時代末に，わが国ではまったく概念的に新しかった「化学」とい

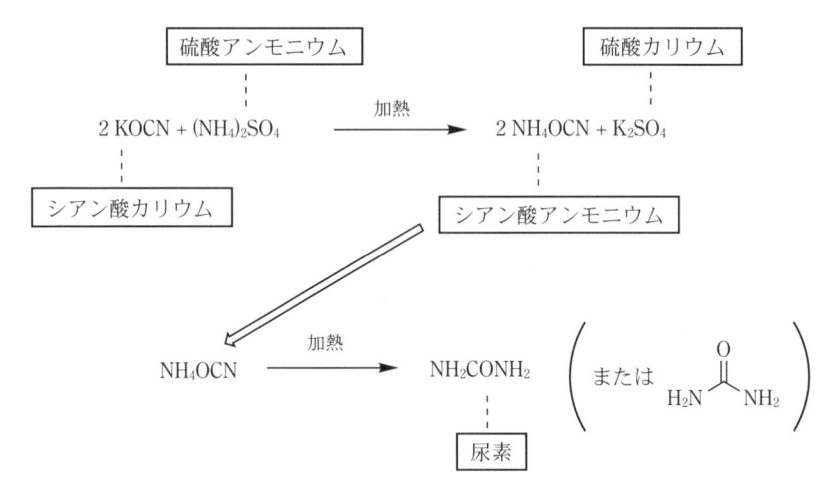

図 1.3 ヴェーラーによる尿素合成

シアン酸カリウムと硫酸アンモニウム（いずれも無機化合物）の混合水溶液を加熱すると，目的のシアン酸アンモニウムが得られず，代わりに，これが異性化した尿素（有機化合物）が得られた．

う学問の移植を，単独で果たしたのである．

『舎密開宗』は，19 世紀初頭の 1803 年にイギリス人のヘンリー（W. Henry, 1774〜1836）によって上梓された化学入門書である『Elements of Experimental Chemistry』のドイツ語訳がさらにオランダ語に訳されたものを基にして著されたものである．『舎密開宗』の刊行は 1837（天保 8）年に始まり，宇田川の死後の 1847（弘化 4）年までの 10 年間にわたる．

「舎密」とはオランダ語で化学を表す chemie（セミー）の音訳で，榕菴の造語である．また，「開宗」は大本となるものを開くという意味がある．したがって，『舎密開宗』を現代語に直すならば，『化学概論』とでもなろう．この書は内篇 18 巻，外篇 3 巻からなるが，『舎密開宗』の内篇巻 1〜3 までには親和力，気体，溶液などの物理化学的な概論について，巻 4〜15 までは無機化合物の性質，反応などの各論，巻 16〜18 までは植物成分に関する有機化学が取り扱われている．また，外篇 3 巻には鉱泉分析法と温泉化学が記述されている．

実は，上記の『舎密開宗』の内篇は原書の第 1 編に，また，外篇は原書の第 2 編に該当するというが，この本の原書には試薬や試験法を扱った第 3 編もあるという．榕菴はこの第 3 編に該当する部分も訳出を終えていて逐次出版の予定であ

ったが，その死によって日の目を見ることがないまま現在に至っている．

　宇田川は，『舎密開宗』の刊行により，化学という概念をもたらしただけではない．この本の執筆過程で，現在も私たちが化学で使っている水素，炭素，酸素，窒素，硫酸，元素，試薬，成分，燃焼，酸化，還元，温度，結晶，蒸留，濾過，溶液，昇華，装置などといった熟語を造り出した．

　その後，「舎密」という熟語を使ったもう一つの書物が現れた．それは長崎に生まれた上野彦馬（1838～1904）による『舎密局必携』である．上野彦馬は1862（文久2）年に湿式写真術などを紹介したこの本を出版した．『舎密局必携』は実験を重要視した化学の入門書であった．ただし，あまりにも簡略であって，体系的化学書とはいえなかった．上野彦馬は長崎に上野撮影局を創設し，勝　海舟や榎本武揚，坂本竜馬らを撮影した人であり，とくに坂本竜馬を撮影した写真は有名である．上野彦馬に写真術を指導したのは江戸幕府の第二次海軍伝習所医官として長崎に来たオランダ海軍軍医ポンペ・メールデルフォールト（J. J. L. C. Pompe van Meerdervoort, 1829～1908）であった．また，上野彦馬は藩校にて蘭学や理化学の講師もつとめたが，上野の化学の修得には，宇田川の『舎密開宗』が影響を与えたことは想像に難くない．次項に述べるが，日本の薬学の開祖ともいえる長井長義（1845～1929）は医学修学目的の留学前に一時期，上野彦馬のもとに滞在したことが，留学後に化学への道に転向するきっかけの一つとなったという．

1.3.5　明治期以降の日本の化学——日本における近代有機化学の黎明期から現代まで

　長井長義は上野彦馬に少し遅れて現在の徳島市に生まれた．長井長義は藩の医官を勤める長井琳章の長男であった．藩校で漢学・オランダ語，父から本草学（薬用になる植物などを研究する学問）の手ほどきを受け，15歳で元服し，父の代診を勤めるようになる．

　長井長義はやがて1866（慶応2）年に他の6名とともに西洋医学を学ぶために2年間の長崎留学の藩命をうけた．長崎において長井は精得館で，臨床医学のほか，陸軍軍医ボードウィン（A. F. Bauduin, 1822～1885）に化学を学んだ．しかし，翌1867（慶応3）年には医学勉強のための精得館通いをやめ，写真撮影局を開いたばかりの上述の上野彦馬の家に寄寓し，写真技術を通して化学修得に励むようになった．そこで手にしたのが，約5年前に刊行された『舎密局必携』であった．長井長義は上野彦馬の指導下，写真に必要な試薬の調製の仕事を手伝ったと

いわれる．

　やがて，長井長義は上京して東京医学校（大学東校／東京大学の前身）に学び，1870（明治3）年，明治政府による第一回欧州派遣留学生に選ばれ，プロイセン（ドイツ）に派遣されてベルリン大学で医学を学び始める．しかし，そこで，有機化学の大家であるホフマン（A. W. von Hofmann, 1818～1892）の有機化学研究に関心が移り，医学から化学へと転身してホフマンに師事することになる．その後，長井長義はホフマンの助手となり，1871（明治4）年～1884（明治17）年の13年間プロイセンにて化学研究に打ち込み，彼の地の女性テレーゼ（1862～1924）と結婚，後に，東京大学医科大学（薬学科）教授となり，現在の日本の薬学の基礎を築いた．

　長井長義らはやがて漢薬麻黄（まおう）からエフェドリンを単離し，その化学構造を明らかとする（p.20 の表1.2 参照）．日本の薬学黎明期（れいめい）の大きな業績である．エフェドリンは喘息の特効薬として人類の福音となった．日本の近代有機化学の流れの一つは薬学分野から始まったといっても過言ではない．

　もう一つの有機化学の流れがあった．それは，東北帝国大学の真島利行（1874～1962）のグループによるものである．真島は，うるしの成分であるウルシオール（urushiol）の研究などを行った．また，門下生の黒田チカは真島の指導のもと，ムラサキの根（紫根）の色素成分であるシコニン（shikonin）やベニバナ，ウニの刺（とげ）の色素研究を行った．黒田は日本の大学で最初に女性に門戸を開いた東北帝国大学における，最初の女子大生の一人であった．

　明治時代の日本人科学者は，有機化学分野において，上述のほかにも，世界的な業績をいろいろと出している．それらの一部を次にあげる．

　1901年：高峰譲吉（1854～1922）によるアドレナリンの発見．
　1909年：田原良純（たはらよしずみ）（1855～1935）による「フグ毒の研究」．
　1910年：鈴木梅太郎（1874～1943）によるオリザニン（後のビタミンB_1）発見の報告．

　1928年にはフレミング（A. Fleming, 1881～1955）によりペニシリン発見の論文が発表され，その後，1940年代にはアメリカにおいてペニシリンが再発見されるが，これは，ちょうど第二次世界大戦の戦時中にあたる．戦時中はペニシリンという言葉は敵性語とされたので，これに碧素（へきそ）という名前をつけて，日本でも研究が進められた．この様子は角田房子（つのだふさこ）氏による『碧素・日本ペニシリン物語』

（新潮社）によく描かれている．

　第二次世界大戦後の有機化学，とくに，高分子合成化学の発展にはめざましいものがある．高分子合成化学の発展により，私たちは，PETやポリエチレン，ナイロンなど，大変に便利でかけがえのない素材を手にすることができた．しかし，一方では，現在，これらの素材がゴミとなった場合の処理方法など，新たな問題が出現している．

　また，各種の農薬は，害虫や雑草の駆除などに大きな力となった．現代では農薬なしの農業は考えられないであろう．しかし，良いことばかりではなかった．農薬は人類に大きな福音を与えたが，また，深刻な環境へのダメージももたらした．レイチェル・カーソン（R. Carson, 1907〜1964）による1960年代の『Silent Spring』〔『沈黙の春』，旧題名は『生と死の妙薬』（いずれも新潮社）〕の発刊はこの問題の端緒となったものである．

　日本に本格的な化学が伝わってから，まだわずかに100年余が過ぎたばかりであるが，現在，日本の有機化学は世界でも第一級のレベルにあり，とくに天然有機化合物に関する研究領域はトップクラスであるといえよう．この背景には実験化学である有機化学に求められる手先の器用さや勤勉さもあげられるが，日本に古くからある本草学の伝統もあると思われる．日本人は，その研究手段であった近代化学の手法はなかなか手に入れることはできなかったが，人体に何らかの作用をひき起こす「生薬」というものに長い間，興味をもちつづけていたことは，今日の有機化学の発展の大事な伏線になっていたと思う．

　前述のように，人類が有機化合物を人工的に合成できることを見い出したのは，19世紀になってからのことであるが，現在，人類が手にした有機化合物の種類は約2000万種類にも及ぶ．その数が500万種になったのが1980年ころ，1000万種を超えたのは1990年ころと考えられるから，近年のその数の爆発的な増加を理解していただけることと思う．これまでも，これだけ多種類の，かつ大量に存在する各種の有機化合物と，私たちがいかにつき合っていくかは重要なことであったが，これからはさらに重要な事柄になるに違いない．

　なお，天然に存在する有機化合物には塩素をその分子中に含むものはきわめてまれであるが，化学合成によって得られた有機化合物には塩素を含むものが多い．なぜであろうか．それは，化学工業原料として重要な水酸化ナトリウムの製造に関連する．無尽蔵といってよいほど存在する海水中の食塩の分解によってナトリ

ウムを得，これから水酸化ナトリウムが製造される．しかし，水酸化ナトリウムの製造と同時に大量に塩素が生成する．その用途として合成有機化合物への導入が積極的に考えられたわけである．

そのような過程で登場した化合物にはγ-BHC（γ-ベンゼンヘキサクロリド，γ-benzene hexachloride，後出）やPCBs（ポリ塩化ビフェニル，polychlorinated biphenyls，後出），ポリ塩化ビニル（polyvinyl chloride；PVC，後出）などがある．これらの化合物はその後，残留性や毒性，焼却処理に際してダイオキシン（dioxin）が生成するなどの問題をひき起こすこととなった．

コ●ラ●ム

有機化学と人類の繁栄

　私たちが当然のように享受している現代生活．スイッチを入れれば電気が点灯し，蛇口をひねれば水やお湯が出る．色彩あざやかな衣服を身につけ，便利できれいなプラスチック製品が身のまわりにあり，ガソリンエンジンの恩恵を駆使して買い物に行けば，さまざまな商品を入れるいわゆるレジ袋がふんだんに使われている．少々の発熱や足腰の痛み，頭痛などは手近にある医薬品で解消される．幸いにも今日，日本人は科学（と化学）の成果としてのこれらの恩恵を受け，快適な生活をすることができるようになっている．しかし，この生活ができるようになったのは人類の歴史からみてもほんの短い間の出来事である．このことは第1章を通読すれば理解していただけたであろう．

　実際には，人類は過去に，絶滅の危機すら何回もあった．もしも，という言葉をそう簡単に使ってはいけないのであろうが，たとえば，もし，抗生物質の発見がなされなかったなら，もし，種痘が開発されなかったならば，人類は結核や天然痘のために滅んでいたかもしれない．これらを克服できたのは科学の力であった．しかし，現代は，逆に発達した科学ゆえに人類の生存をおびやかすものも出現してきた．たとえば，その一つとして，内分泌撹乱化学物質（環境ホルモンともよばれる）の環境への拡散があげられる．

ヒトの若い世代の精子数や正常な精子の割合が減少しているという．精子のデータの取り方は難しいというから，まずは事実の確認が肝要であろうが，この事態に環境に拡散した内分泌攪乱化学物質がからんでいる可能性が危惧されている．精子の異常といっても，ざっとまわりをみたところ普通に結婚して普通に子どもが生まれているようだから問題はないといわれるかもしれないが，ヒトという種を考えると一大事である．

　ヒトの1世代は約30年と考えてよいそうだ．とすれば，100世代で約3000年，300世代で約1万年である．そこで，単純にヒトという種が今後，毎世代5％ずつ減少すると仮定すれば，3000年後の世代の人数は現在の0.6％（$0.95^{100} \times 100\%$）となり，1万年後の世代の人数は限りなく0に近くなる．すなわち絶滅である．

　約600万年続いているというヒトという種も，世代ごとの減少がこんなささやかな程度続いただけで，たった1万年で絶滅となるのである．もちろん，人類が減少するに従ってカップルになる可能性も減るし，近親婚の割合も増えるであろうから，ヒトという種の絶滅の危険性は加速度的に大きくなることだろう．ここではヒトだけを考えたが，いずれの生物でも絶滅が危惧されるような状況となれば，ヒトを含めた生態系に影響が出るのは当然のことである．

　内分泌攪乱化学物質の環境への拡散は近代科学がもたらした大きな問題の一つである．今後，科学にたずさわる人間は，科学の発展に力を尽くすとともに，同時に，かけがえのない地球で人類がいかに環境との調和を保ちながら生き延びていくかということもおおいに考えていかなければなるまい．

第2章
有機化学の基礎

2.0 はじめに

　この章では，有機化学を学ぶにあたり最低限理解しておくべき基礎事項をまとめた．

　まず，有機化合物を構成する元素について述べ，各元素の原子の姿を知ってもらおうと思う．そのうえで，各原子が結合して分子をつくっていく様子を学んでいただきたい．

　次に，簡単な有機化合物をみていこう．まず，炭素1～2個からなる有機化合物から始め，ベンゼン環を含む化合物までを説明する．

　さらに，私たちが通常，有機化合物の記録をする紙面は2次元であるが，有機化合物は実際には3次元の世界である．そこで，有機化合物を理解するうえで必要となる立体化学の話をする．さらに，この章の終わりのほうでは各種有機化合物の命名法と分類法の概略を述べることにする．

2.1　有機化合物を構成する元素——C, H, O, N, S, P でほとんど全部

　有機化合物の基本となる元素は炭素（C, carbon）であり，分子中に炭素を含まない有機化合物はない．この世には，ダイヤモンドや黒鉛（石墨，グラファイト），さらにフラーレンのように炭素だけからなる物質も存在する（図2.1）が，通常の有機化合物の分子には，炭素に加えて水素（H, hydrogen）が含まれる．炭素と水

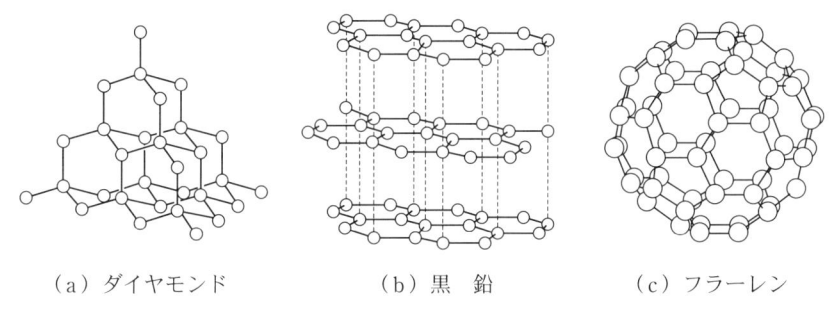

(a) ダイヤモンド　　　（b）黒　鉛　　　（c）フラーレン

図 2.1　ダイヤモンド，黒鉛，およびフラーレンの化学構造

素からなる化合物には，もっとも簡単な化学構造を有する有機化合物の一つであるメタン（CH_4）をはじめとし，エタン（C_2H_6），プロパン（C_3H_8）などがある．ベンゼン（C_6H_6）も炭素と水素だけからなる有機化合物の例である．

また，多くの有機化合物の分子中には炭素と水素に加え，酸素（O, oxygen）も含まれる．むしろ，多くの有機化合物の分子は炭素と水素，酸素の3元素から成り立っていると見なしてもよい．その例はきわめて多いが，たとえば，日本酒やワイン，ビールなどに含まれるアルコール（エチルアルコール）の分子（C_2H_5OH）中には酸素が含まれている．また，グルコース（$C_6H_{12}O_6$）やスクロース（ショ糖，$C_{12}H_{22}O_{11}$）の分子にも炭素，水素とともに酸素が含まれる．

一方，上記3元素のほか，窒素（N, nitrogen）が含まれる有機化合物となると，少し限られてくる．分子中に窒素を含む有機化合物の代表例には各種のアミノ酸があり，アミノ酸から構成されるペプチドやタンパク質がある．グリシン（$C_2H_5NO_2$）はタンパク質を構成するアミノ酸中，もっとも簡単な化学構造を有している．

タンパク質を構成するアミノ酸のなかには，システインのように，分子中に硫黄（S, sulphur）を含むものがあるが，分子中に硫黄を含む有機化合物となると，はるかに限られてくる．さらに，有機化合物の分子中には，上記のC, H, O, N, Sのほか，りん（燐）（P, phosphorus）を含むものや，塩素（Cl, chlorine），臭素（Br, bromine），ヨウ素（I, iodine），フッ素（F, fluorine）のようなハロゲンといわれる元素を含むものもあるが，これらは有機化合物としてはかなり特殊な化合物の部類になるといってよいだろう．

結局，有機化合物を構成する元素の種類はきわめて少なく，C, H, O, N, S, Pの

6元素でほとんどを占めるといってよい．上述のように，なかでも炭素を欠くことはできず，有機化学は炭素骨格を有する化合物の化学ということもできる．

2.2 原子の構造——共有結合について

この節では原子の構造について説明する．ある化学物質がその化学物質の性質を示す最小単位を分子という．そして，その分子を構成するのが原子であり，原子はいわば一般には「物」の最小単位といえよう．

原子には，もっとも小さな水素から始まり100種強の種類があるが，いずれも原子核と電子から成り立っている．原子核は陽子と中性子から成り立っている．さらに陽子や中性子はクォークから成り立っているのだが，ここではそこまでは追求しない．

2.2.1 水素原子の姿

さて，話を簡単にするために水素原子で説明しよう．水素原子は陽子1個と電子1個から成り立っている．陽子の直径は約 10^{-15} m であり，直径が陽子の約1/10（約 10^{-16} m）である電子は，陽子から約 10^{-10} m の距離のところに存在する．

以上のことはよく教科書に書かれている．しかし，これをよく検証すれば，原子というものは実は空間だけの存在であることがわかる．たとえば陽子を直径1mの球体と仮定しよう．そうすれば，電子の直径は陽子の約1/10であることから直径10cmということになる．驚くのは両者の距離で，陽子や電子をこの大き

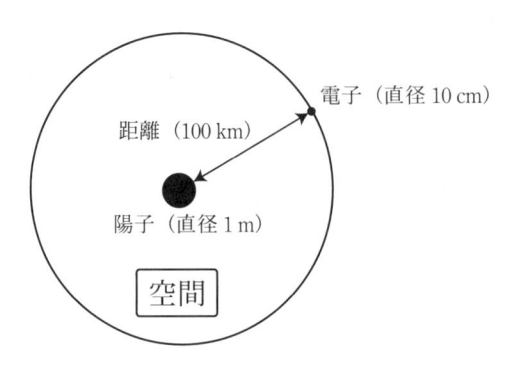

図 2.2 水素原子の姿（陽子を直径1mの球と仮定すれば……）

さに拡大すると，両者の距離はなんと約100 km（$1\,\mathrm{m} \times 10^{-10}/10^{-15} = 100\,\mathrm{km}$）にもなる（図2.2）．すなわち，直径1 mの球から100 km離れたところに直径10 cmの球が存在し，その他の部分は空間という異様な世界が水素原子の世界なのである．まるで実体はなきがごとしである．炭素や酸素についても，陽子や電子の数が変わり，原子核には陽子のほか，中性子が加わるが，陽子（と中性子）や電子の数が変わったところで，原子の実体が空間だらけであることに違いはない．

この世にある目に見えるあらゆる物質は原子からなっている．ということは，この世界の物質はほとんど空間から成り立っているということになる．般若心経に「色即是空・空即是色」という一節があり，「有形の万物（色）の本性は実有のものではなく（空），一方，実体なく空であるとみられる万物は，そのまま有形の存在でもある」（広辞苑）という意味とされるが，まさにこの世の中は"色即是空・空即是色の世界"といえよう．

2.2.2　おもな原子の電子配置

さて，各種の原子が結合する場合には，それぞれの原子の有する電子の配置が問題となる．そこでおもな原子の電子配置をみてみよう．

図2.3に水素（H）から始まり，ヘリウム（He），リチウム（Li），ベリリウム

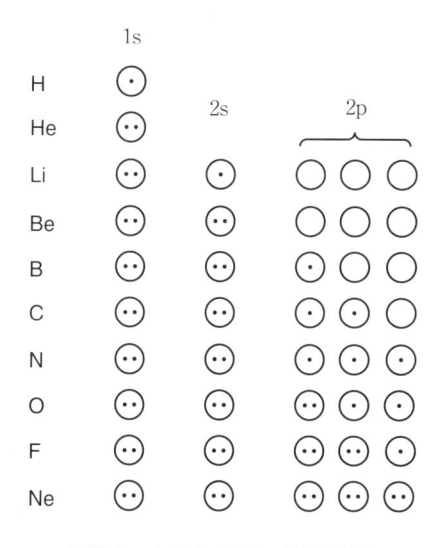

図2.3　おもな原子の電子配置

(Be)，ホウ素（B），炭素（C），窒素（N），酸素（O），フッ素（F），そしてネオン（Ne）の電子配置を示す．そう，化学を勉強された方なら必ずや，「水兵，離別バックの船……」などとして覚えさせられたあの元素たちである．

これら10種の原子のまわりに存在する電子は水素の1個から始まり，順次1個ずつ増えていく．したがって，ここにあげた原子のなかで電子の数がもっとも多いネオンではその数は10個である．

電子には軌道とよばれる電子の存在（回転）位置があり，内側から1sと2sという円軌道を有する軌道と，さらに2p軌道と称される異なる3方向に広がっている軌道とがある．そして，それぞれの軌道には電子数の定員があって，1sと2s軌道ではそれぞれ2，そして，2p軌道では$2 \times 3 (= 6)$である．

水素には1s軌道に1個の電子が存在し，ヘリウムでは1s軌道に2個存在する．次のリチウムになると3個目の電子は2s軌道に存在し，ベリリウムになると2s軌道まで定員が満たされる．そこで次のホウ素になると2p軌道に入り，炭素では2p軌道に2個入ることになる．ただ，2p軌道については，2個目の電子は同じ軌道に入るのではなく，別の軌道に入る．3個目の電子もそうである．よって，窒素においては，2p軌道の3種の軌道のそれぞれに1個ずつ電子が入ることになる．次の酸素では2p軌道のうちの1つが定員2を満たす．さらにフッ素では2個目の2p軌道の定員が満たされ，ネオンでは1s，2sおよび2pのすべての軌道の定員が満たされることになる．

2.2.3 化学結合の起こるわけ

前項で主要な原子の電子配置を説明したが，これらの原子のうち，もっとも外側にある電子を考える．そうすると，ヘリウムは1s軌道を，また，ネオンは1s〜2p軌道を満たしている状態にある．このようなヘリウムやネオンは希（貴）ガスと称され，不活性な元素であり，化学結合をしない．よって，原子として単独で安定に存在する．

一方，各原子は安定系に向かおうとする性質がある．そう，原子は安定なヘリウムやネオンなどの型の電子配置をめざすのである．

水素原子はもうひとつの水素原子と結合して水素分子となる．この結果，各水素原子のもつ電子1個ずつが供給され，各水素原子は2個の電子を共有することになり，ヘリウム型の電子配置となる（図2.4）．

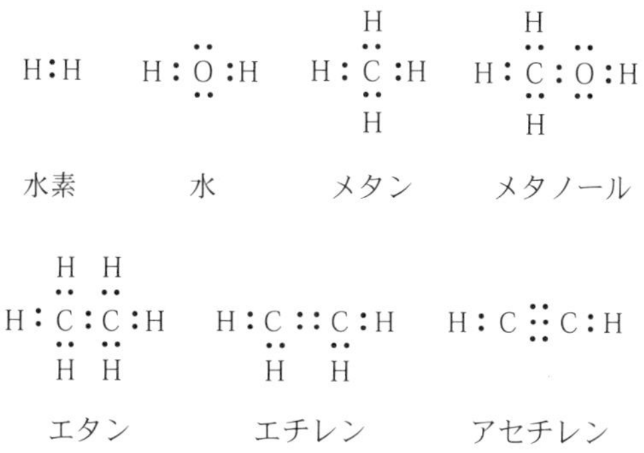

2.2 原子の構造

```
                        H          H
                        ..         ..
H:H     H:O:H     H:C:H     H:C:O:H
        ..        ..        ..
                        H          H

水素      水      メタン    メタノール
```

```
        H H              H H
        ....             ....
H:C:C:H     H:C::C:H     H:C⋮⋮C:H
        ....             ....
        H H              H H

エタン      エチレン      アセチレン
```

図 2.4 水素、水、メタン、メタノールなどの電子式

　このような反応性は最外殻電子といわれる電子の配置によって左右される．たとえば，酸素の場合，最外殻電子は 2s および 2p 軌道にあり，そこには 2 + 4 個（= 6 個）の電子がある（表 2.1）．そのうち，2p 軌道の 2 個の電子はそれぞれ，1 個ずつ別の軌道に入っている．酸素は残りの 2 個の電子をうめて全体としてネオン型の電子配置をとりたがる．図 2.4 に水の電子配置も示したが，ここで，酸素の原子記号 O のまわりにある点は酸素の最外殻（2s および 2p 軌道）電子 6 個と水素由来の電子 2 個を示す．この場合，水素 2 原子が酸素に結合することによって，水素は電子 2 個のヘリウム型，また，酸素は 2s と 2p 軌道で合計の電子が 8 個のネオン型の安定な形を獲得できることになる．

　炭素の場合は，少し状況が異なる．炭素では 2p 軌道に 1 個ずつとなった電子 2 個が存在するが，実は，2s 軌道にある電子 2 個のうちの 1 個が 2p 軌道に移動し，最外殻電子は，2s～2p 軌道にかけて 4 つの軌道に各 1 個ずつの空きができ，そ

表 2.1 有機化合物を形成するおもな原子の最外核電子数と結合の手の数

	最外核電子数	結合の手の数
炭素（C）	4 (2s + 2p)	4
水素（H）	1 (1s)	1
酸素（O）	6 (2s + 2p)	2
窒素（N）	5 (2s + 2p)	3

して、それぞれの空きの部分が1個の電子をほしがる。そのために炭素1原子と水素4原子からなる有機化合物であるメタンにおいては、炭素の最外殻電子4個に水素の電子1個ずつが加わり、炭素では8個（ネオン型）、そして、水素では2個（ヘリウム型）の最外殻電子となって、それぞれ安定な形となるのである（図2.4）。

ここまでの説明が理解できれば、メタノールやエタンの電子配置も簡単に理解できるであろう。酸素や炭素のまわりの電子はいずれも8個（ネオン型）となっており、このように最外殻電子が8個となろうとする性質を"オクテット（octet）則"という。オクト（oct-）は8を意味し、足が8本のタコ（octopus）、音階のオクターブ（octave）などと語源が同じである。

以上のことから、水素は電子1個を獲得して2個の電子をもとうとする。そのため結合の手を1本もつことになる。これに対して、炭素、酸素、窒素はそれぞれ電子4個、2個および3個を獲得して8つの電子をもとうとする。そのため、それぞれ、4本、2本および3本の結合の手をもつことになるのである（表2.1）。

なお、エタンから水素2原子が失われるとエチレン（ethylene）が生じる。この化合物においては、炭素と炭素の結合に電子4個を費やす。このような結合を二重結合という。エチレンからさらに水素原子2個が失われた化合物をアセチレン（acetylene）という。この場合には、炭素と炭素の結合に6つの電子が費やされる。このような結合を三重結合という。

2.3 炭素1～2個からなる有機化合物とその関連化合物
——二日酔いも科学してしまおう

前項に述べたように、有機化合物は炭素（C）を骨格とし、これに水素（H）や酸素（O）、窒素（N）などが結合している化合物群である。それでは、これらの構成要素からなる有機化合物のうち、炭素1～2個からなる簡単な化合物を例にとって、有機化合物とはどのようなものであるかの概略を述べよう。そのような化合物のなかには、酒酔いに関係するエチルアルコール（ethyl alcohol）〔またはエタノール（ethanol）、あるいは単にアルコール（alcohol）ともいう〕や二日酔い（宿酔）に関係するアセトアルデヒド（acetaldehyde）も含まれる。

2.3.1 炭素1個からなる有機化合物

もっとも簡単な構造をもつ有機化合物としてメタンがあり，その分子式はCH_4である．この化学構造を図2.5に示す．炭素は結合の手を4本，そして水素は結合の手を1本ずつもっていることは前項で述べた．以後，これらの結合の手を線で示すことにする．

メタンの水素の1個がヒドロキシ基（-OH）で置換されるとメチルアルコール（CH_3OH，methyl alcohol）〔メタノール（methanol）ともいう〕になる．前項で述べたように，酸素は結合の手を2本もっている．

メチルアルコールが酸化を受ける（水素2個が脱離する）と，ホルムアルデヒド（HCHO，formaldehyde）となる．ホルムアルデヒドの37％水溶液はホルマリン（formalin）といわれる．ホルムアルデヒドには，タンパク質を固化させるはたらきがある．ホルムアルデヒドがさらに酸化を受ける（酸素が結合する）と，非常に刺激性の高い化合物であるギ酸（HCOOH，formic acid）となる．ホルムアルデヒドもギ酸も毒性の強い物質である．

ヒトがメチルアルコールを摂取すると失明の危険があるのは，目の水晶体内に存在する酵素のはたらきでメチルアルコールが酸化を受け，ホルムアルデヒドに

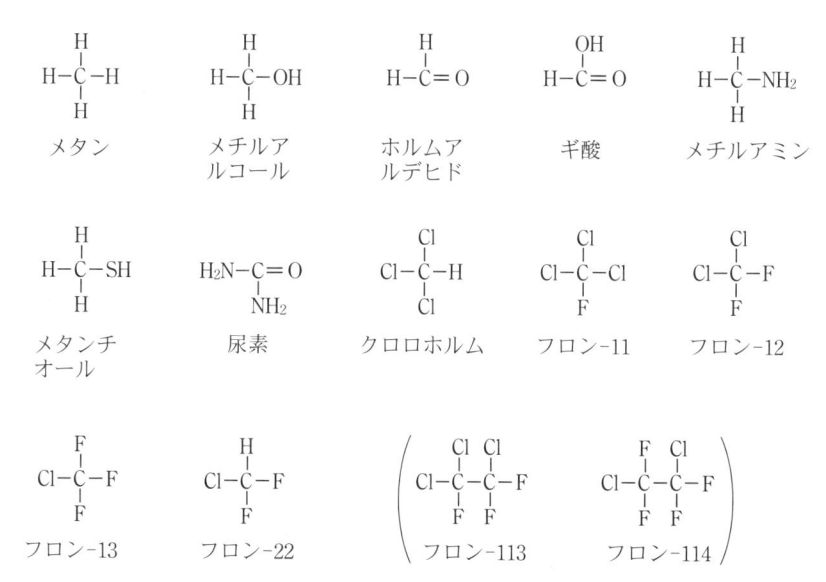

図2.5 炭素1個からなる有機化合物とその関連化合物の化学構造

変化し，これが目の中のタンパク質を変成させるからである．また，ホルムアルデヒドがさらに酸化されて生じるギ酸も毒性を示す．ホルムアルデヒドやギ酸においては，炭素と酸素の間が二重結合となっている．

すでに述べたように，ギ酸の英語名である formic acid は，この化合物が最初，蟻をすりつぶしたものから得られたところから付けられた．蟻のラテン語名 *formica* を起源とする．これが還元された形がギ酸由来のアルデヒド，すなわちホルムアルデヒド (formaldehyde) である．さらに，塩素化したギ酸 (chlorinated formic acid) を起源としてクロロホルム (chloroform) という名称も生まれた．

そのほか，メチル基にアミノ基やSH基を付ければ，それぞれ，メチルアミン (CH_3NH_2, methylamine) やメタンチオール (CH_3SH, methanthiol)〔メチルメルカプタン (methylmercaptan) ともいう〕となる．ここで再度確認しておくが，窒素の結合の手は3本であり，硫黄 (S) の結合の手は2本である．メチルアミンもメタンチオールも常温ではガス状の化合物であり，メタンチオールは腐ったキャベツの臭いの主成分である．なお，世界ではじめて実験室で化学合成された有機化合物である尿素 ($(NH_2)_2CO$, urea)〔カルバミド (carbamide) ともいう〕も炭素1個からなる有機化合物であった．

炭素1個からなるその他の有機化合物として，フロン (flon) の一部もある．フロンというのは実は和製の慣用名であり，正式にはクロロフルオロカーボン (chlorofluorocarbon, CFC) という．フロンガスは炭化水素のクロロフルオロ置換体（フッ素と塩素で置換された炭化水素）の総称で，以前はデュポン (DuPont) 社の商品名であるフレオン (freon) が使われていた．フロンは一般に不燃性で，無毒，無臭，化学的に安定で金属を腐食しないので，冷凍機の冷媒やエアロゾルスプレーの噴霧剤，消火剤などに多用された．しかし，現在では，成層圏のオゾン層破壊の元凶であることがわかり，南極大陸の上空にはオゾンホールが発見されている．フロン-11，フロン-12，フロン-113 などは全廃されることになった．クロロホルムやフロンガスに結合している塩素 (Cl) やフッ素 (F) は，臭素 (Br) やヨウ素 (I) とともにハロゲン (halogen) と総称される．ハロゲンの結合の手はそれぞれ1本である．

2.3.2　炭素2個からなる有機化合物とその関連化合物

一方，メタノールの水素の1個をメチル基 ($-CH_3$) で置換すると，炭素2個か

らなる有機化合物の一種であるエチルアルコール（ethyl alcohol）になる．エチルアルコールはエタノール（ethanol）または単にアルコールということもある．エチルアルコールは種々の酒（ワイン，日本酒，ビール，ブランデー，焼酎，ウイスキーなど）に共通に含まれ，酒酔いの原因となる有機化合物である．エチルアルコールは血液中に入り，脳内に至ってさまざまな段階の酔いをひき起こす．なお，酸素1個と水素1個からなる－OH をヒドロキシ基と称することはすでに述べた．メチル基やヒドロキシ基などの基については後に表2.2（p.44）にまとめる．

エチルアルコールは生体中で代謝され，その$-CH_2OH$の部分は酸化されて，アルデヒド基（－CHO）に変わる．この形になったものが悪酔いや二日酔いの原因となるアセトアルデヒド（CH_3CHO, acetaldehyde）である．アセトアルデヒドは毒性の強い有機化合物であり，この化合物の存在がさまざまな不快な症状をひき起こす（図2.6）．

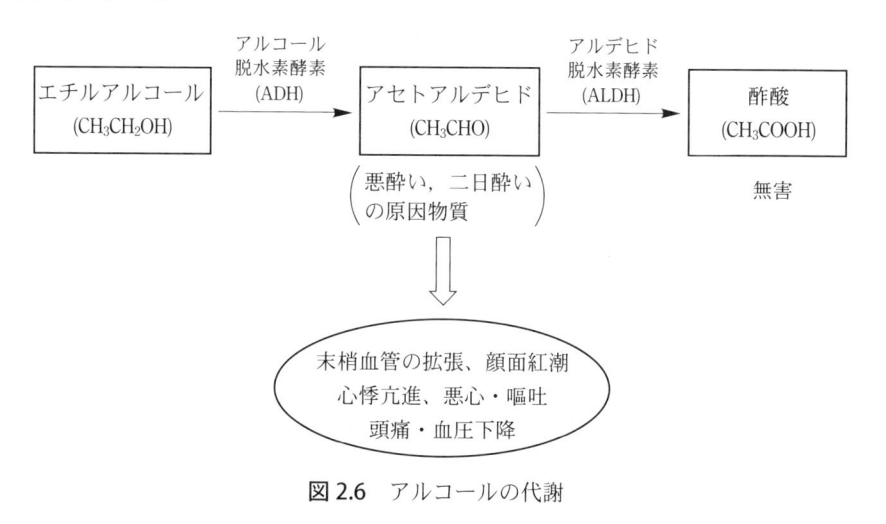

図2.6 アルコールの代謝

アセトアルデヒドの化学構造では炭素と酸素の間に線が2本引かれるが，このような結合を二重結合ということはすでに述べた．アセトアルデヒドはさらに代謝され，酸化されて，酢酸（CH_3COOH, acetic acid）となる．この化合物は食酢の成分である．食酢には3～5％の酢酸が含まれる．

日本や朝鮮半島には，アセトアルデヒドを酢酸に代謝する酵素を先天的に欠いている人が特異的に多い．これらの人々は，アルコール類を摂取するとアセトア

ルデヒドが体内にたまり,わずかの酒でも悪酔いするのである.

炭素2個が結合した化合物の例として,エタン(CH_3-CH_3, ethane),エチレン(CH_2=CH_2, ethylene),アセチレン($CH\equiv CH$, acetylene)がある(図2.7).これらの化合物では,それぞれ,炭素と炭素の間の結合が,一重結合,二重結合,そして三重結合になっており,それに伴い,水素の数が減っている.しかし,炭素の手はいずれも4本だし,水素の手は1本である.これらの化合物のうち,エチレンはリンゴなどの成熟をうながす作用を有し,エチレンを重合したものはポリエチレン樹脂(第5章)となる.

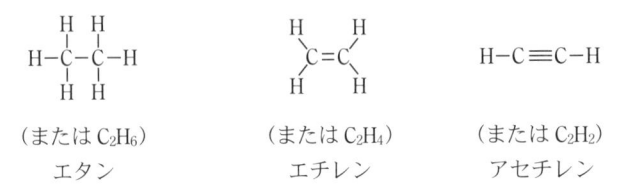

```
     H H                    H     H
     | |                     \   /
  H-C-C-H                     C=C               H-C≡C-H
     | |                     /   \
     H H                    H     H

  (または $C_2H_6$)          (または $C_2H_4$)        (または $C_2H_2$)
    エタン                   エチレン              アセチレン
```

図2.7 エタン,エチレン,アセチレンの化学構造

なお,エタンのように炭素と水素から単結合のみで構成され,一般式C_nH_{2n+2}で表される炭化水素(hydrocarbon)をパラフィン系炭化水素(paraffin hydrocarbon)またはアルカン(alkane)という.また,エチレンのように二重結合を1つもち,一般式C_nH_{2n}で表される炭化水素をオレフィン系炭化水素(olefin hydrocarbon)またはアルケン(alkene),アセチレンのように三重結合を1つもち,一般式C_nH_{2n-2}で表される炭化水素をアセチレン系炭化水素(hydrocarbons of acetylene series)またはアルキン(alkyne)という.

応用として,エタン2分子を酸素で結合した化合物を考えてみよう.これはジエチルエーテル(CH_3CH_2-O-CH_2CH_3, diethyl ether)または単にエーテルといわれる化合物になる.この化合物においては,エタンはいずれも水素1個を失う代わりに,水素と結合していた手を酸素との結合に使っている.ジエチルエーテルはエチルアルコール2分子から水が脱離した形でつくられる(図2.8).これは麻酔作用と,大変に引火しやすい性質をもった化合物である.

一方,それぞれ炭素数2個である酢酸とエチルアルコールから水が脱離した形でつくられたものが,酢酸エチルエステル(酢酸エチルともいう.$CH_3COOCH_2CH_3$, ethyl acetate)である(図2.9).この化合物はバナナなどの香気成分の一部となっ

2.3 炭素1〜2個からなる有機化合物とその関連化合物

$$CH_3CH_2\underline{OH} + CH_3CH_2O\underline{H} \xrightarrow{H_2O} CH_3CH_2OCH_2CH_3$$

エチルアルコール　エチルアルコール　　　　　　　ジエチルエーテル

図 2.8 ジエチルエーテルの生成

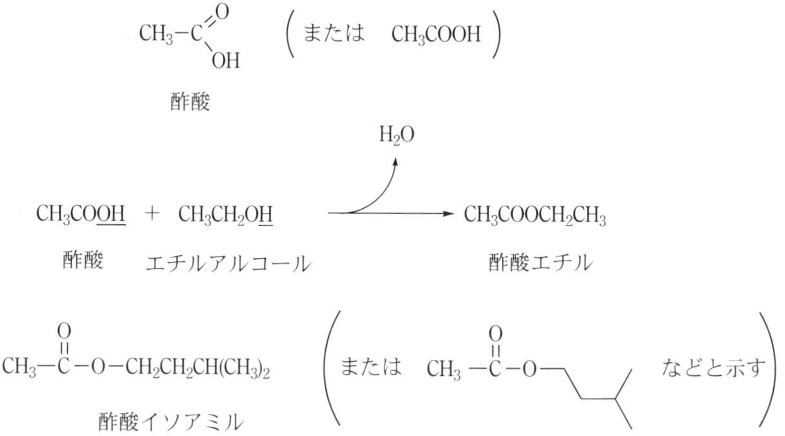

$$CH_3-C\underset{OH}{\overset{O}{\diagup\!\!\!\!\diagdown}} \quad (\text{または}\quad CH_3COOH)$$

酢酸

$$CH_3COO\underline{H} + CH_3CH_2\underline{OH} \xrightarrow{H_2O} CH_3COOCH_2CH_3$$

酢酸　　　エチルアルコール　　　　　　　　酢酸エチル

$$CH_3-\overset{O}{\overset{\|}{C}}-O-CH_2CH_2CH(CH_3)_2 \quad \left(\text{または}\quad CH_3-\overset{O}{\overset{\|}{C}}-O-\diagup\!\!\!\diagdown\quad \text{などと示す}\right)$$

酢酸イソアミル

図 2.9 酢酸と酢酸エチルおよび酢酸イソアミルの化学構造

ている．この場合，エチルアルコールの代わりに枝分かれしたアルコールであるイソアミルアルコール（$(CH_3)_2CHCH_2CH_2OH$, isoamyl alcohol）が結合すると，酢酸イソアミルエステル（酢酸イソアミルともいう．$CH_3COOCH_2CH_2CH(CH_3)_2$, isoamyl acetate）という別のエステルになる．酢酸イソアミルは，ヨウナシの香気成分であるとともに，いわゆる吟醸酒の吟醸香の主成分ともなっている．

　また，シイタケ（*Lentinus edodes*）の香気の主成分も炭素2個からなる化合物である．シイタケを水に浸すと濃厚なシイタケの香りが出現するが，これは，乾燥シイタケを水に浸すことにより，そこに含まれる成分が酵素反応を受け，香気の主成分であるレンチオニン（lenthionine，図 2.10）が生成するためである．

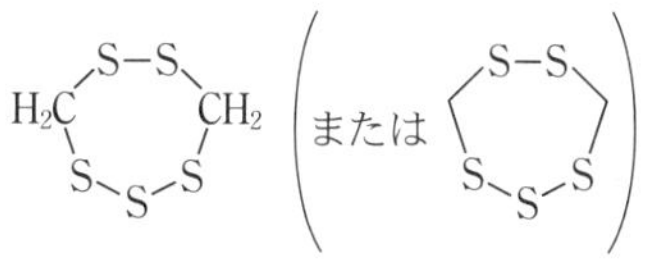

図 2.10 レンチオニンの化学構造

2.3.3 炭素2個からなるその他の有機化合物の例

酢酸の水素1個をアミノ基（-NH$_2$）に換えると，アミノ酸のグリシン（H$_2$N-CH$_2$-COOH, glycine）になる．グリシンはカニの甘味成分の一部をなす．また，メチル基2個を酸素でつなぐと，ジメチルエーテル（CH$_3$-O-CH$_3$, dimethyl ether）となる．さらにカルボキシ基（-COOH）を2個結合させた形の化合物のシュウ酸（HOOC-COOH, oxalic acid）はカタバミ科のカタバミ（*Oxalis*）属植物の葉の酸味成分である．シュウ酸は血液中のカルシウムイオン（Ca^{2+}）と結合して不溶性のシュウ酸カルシウムを生成し，体内のイオン組成を乱す作用があり，有毒である．

その他の炭素2個からなる化合物として，エチルアミン（CH$_3$CH$_2$NH$_2$, ethylamine）やエチルメルカプタン（CH$_3$CH$_2$SH, ethyl mercaptan），アセトニトリル（CH$_3$CN, acetonitrile）などがある．エチルメルカプタンは大変臭い化合物である．また，アセトニトリルはさまざまな化合物を溶解させることから溶媒としてよく使われる．

1985年夏，ヨーロッパから輸入されたワインの中にジエチレングリコール（diethylene glycol）が混入しているものが発見された（図2.11）．これらは，本来ならば，特殊な菌が寄生したブドウを原料として醸造した高級ワイン（貴腐ワイン）のはずであるが，「有毒ワイン事件」として大問題になった．ジエチレングリコールには甘味と粘性があるので，類似の味と舌触りのあるワインを偽造するために人為的に入れたらしい．ジエチレングリコールを大量に服用すると，吐き気や頭痛，ふらつき，腹痛，下痢などが現れ，重度の場合は，けいれん，昏睡，肺水腫，心不全などを起こし，死に至ることもある．また，中枢神経系の抑制作用もある．およその危険量は1mL/kgとされる．すなわち，体重60kgの人で60mLが危険量である．

ジエチレングリコールは類似化合物のエチレングリコール（ethylene glycol）と

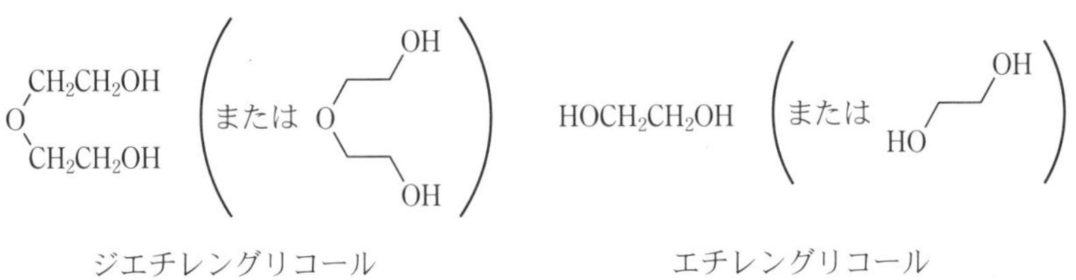

ジエチレングリコール　　　　　エチレングリコール

図 2.11　ジエチレングリコールとエチレングリコールの化学構造

ともに，本来，自動車の不凍液や，塩化ビニル（第5章で述べる）の袋などに詰めて保冷剤として使用されているものである．ジエチレングリコールを保冷剤として使う場合，吸水性の高い樹脂に水を含ませ，ここに，凝固点を下げるためにジエチレングリコールが加えられている．

過去にもジエチレングリコールは甘味料代わりとして出回り，中毒死する事件も起こっている．ジエチレングリコールは大変役に立つ化合物であるが，不快な味や臭いがないだけに大量に服用可能なので危険である．不注意に外に捨てたものをペットが飲んで死亡した例もある．このような化合物をワインに意図的に混入する所業など，もってのほかである．

ここまでに述べたような基本的な事項を理解していただければ，かなりいろいろな有機化合物の化学構造が理解できるであろう．ただ，有機化合物の表示法には省略の約束事がある．すなわち，すでに図2.9〜2.11で図示したように，メチレンは炭素も水素も示さず，線だけで示すことが行われている．メチレン基が6つ結合し，環を巻いた形の化合物にシクロヘキサンがあるが，このような化合物の炭素と水素をいちいちすべて書いていては大変である．そこで，右のようにCもHも書かずに書き表す習わしとなっている．

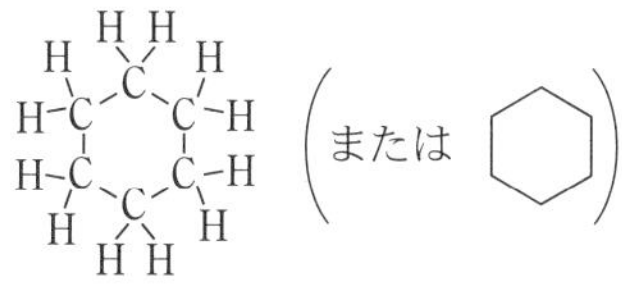

図 2.12 シクロヘキサンの表し方

2.3.4 各種の基といくつかの基本構造について

有機化合物においては，ある一つのかたまりとして行動する単位がある．それを「基」(radical) という．これまでに述べてきたものに，メチル基（CH_3-），エチル基（CH_3CH_2-），ヒドロキシ基（-OH），アルデヒド基（-CHO），カルボキシ基（-COOH），アミノ基（NH_2-）などがあり，また，後述のフェニル基（C_6H_5-）などもある（表2.2）.

また，ヒドロキシ基，アルデヒド基，カルボキシ基が結合した化合物をそれぞれ，アルコール，アルデヒド，およびカルボン酸類と総称することがある．一方，2分子のアルコールから水が脱離した形で生成する化合物はエーテル類，そして，カルボン酸とアルコール分子から水が脱離して生成する化合物をエステル類と総称する（表2.3）.

表2.2 おもな基とその表し方

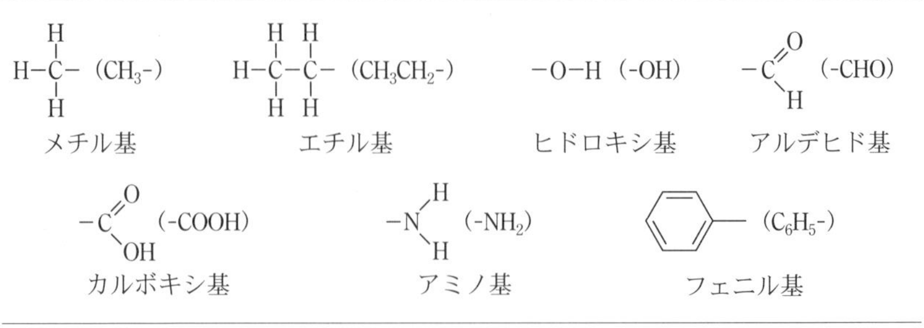

H-C̈H₂- (CH₃-)	H-C̈H₂-C̈H₂- (CH₃CH₂-)	-O-H (-OH)	-C(=O)H (-CHO)
メチル基	エチル基	ヒドロキシ基	アルデヒド基

-C(=O)OH (-COOH)	-NH₂ (-NH₂)	C₆H₅- (フェニル基)
カルボキシ基	アミノ基	フェニル基

表2.3 アルコール，アルデヒド，カルボン酸，エーテル，およびエステルの基本示性式（メチル基やエチル基などをRおよびR′と示す）

R-OH	R-CHO	R-COOH	R-O-R′	R-COO-R′
アルコール	アルデヒド	カルボン酸	エーテル	エステル

2.4　ベンゼン環1〜2個を含む有機化合物とその関連化合物 ——アスピリンからダイオキシンまで

　この項では，ベンゼン環1〜2個を含む有機化合物について述べる．

　ベンゼン環は炭素6個が環を巻き，一つおきに二重結合が存在する形をもっている．よく知られているように，この化学構造は，1865年にケクレ（F. A. Kekulé, 1829〜1896）によって提唱された．

　ベンゼンの化学構造は，すべての炭素と水素を書き入れると煩雑になるので，図2.13の（A）または（B）のように略して書くのが普通である．ベンゼン環は（A）と（B）が共鳴（両者の間をはげしく行き来している）した形であると考えら

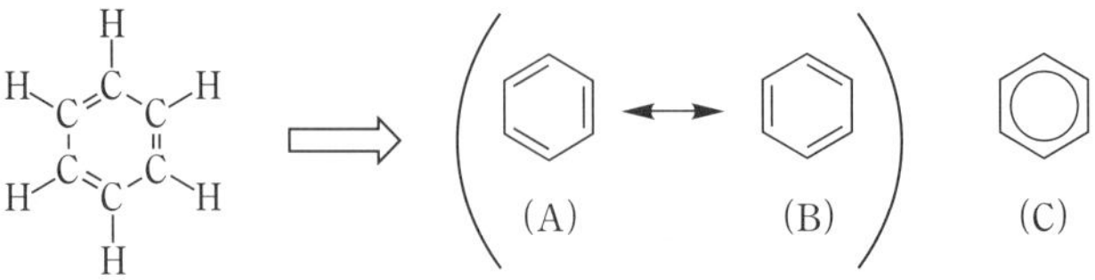

図2.13　ベンゼンの化学構造

れるので，共鳴構造を強調するために（C）のように記載する場合もある．

2.4.1 ベンゼン環に置換基1個が結合した化合物

ベンゼン環に，ヒドロキシ基（-OH），メチル基（-CH$_3$），アルデヒド基（-CHO），カルボキシ基（-COOH），およびアミノ基（-NH$_2$）が結合した化合物を次に示す．それぞれ，フェノール（phenol），トルエン（toluene），ベンズアルデヒド（benzaldehyde），安息香酸（benzoic acid），およびアニリン（aniline）という名称が与えられている（図2.14）．

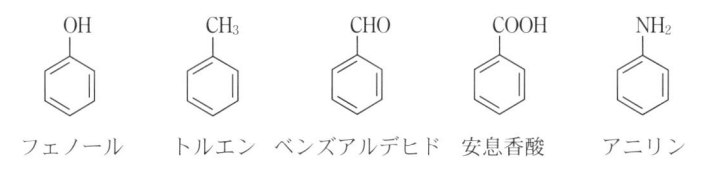

図2.14 ベンゼン環に置換基1個が結合した化合物の例

　フェノールは別名を石炭酸といい，かつて，リスター（J. Lister, 1827～1912）は，手術中にその水溶液を噴霧することにより細菌感染（化膿）を防ぐことを考案した．また，トルエンはきわめて有用な有機溶剤であり，いわゆるシンナー（油性塗料の薄め液）の構成成分ともなっている．しかし，一方，その吸飲（乱用，シンナー遊び）が問題となった化合物でもある．南洋諸島に生えるエゴノキ科の植物である *Styrax benzoin* から分泌する樹液を凝固させたものを安息香といい，加熱すると強い芳香を放つが，安息香酸はこれから得られる化合物である．アニリンは化学合成染料（アニリン染料）の開発のきっかけ（化学合成染料工業の発端）となった化合物である．

2.4.2 ベンゼン環に置換基2個が結合した化合物

　こんどは，ベンゼン環1個に対し2個の置換基が結合した化合物の例をあげる（図2.15）．たとえば，ベンゼン環にヒドロキシ基とカルボキシ基がとなりあって結合した化合物をサリチル酸といい，防腐剤として用いられる．
　このサリチル酸のヒドロキシ基をアセチル化する（ヒドロキシ基の水素をCH$_3$CO-基と入れ換える）と，解熱鎮痛薬として大変よく使用されているアスピ

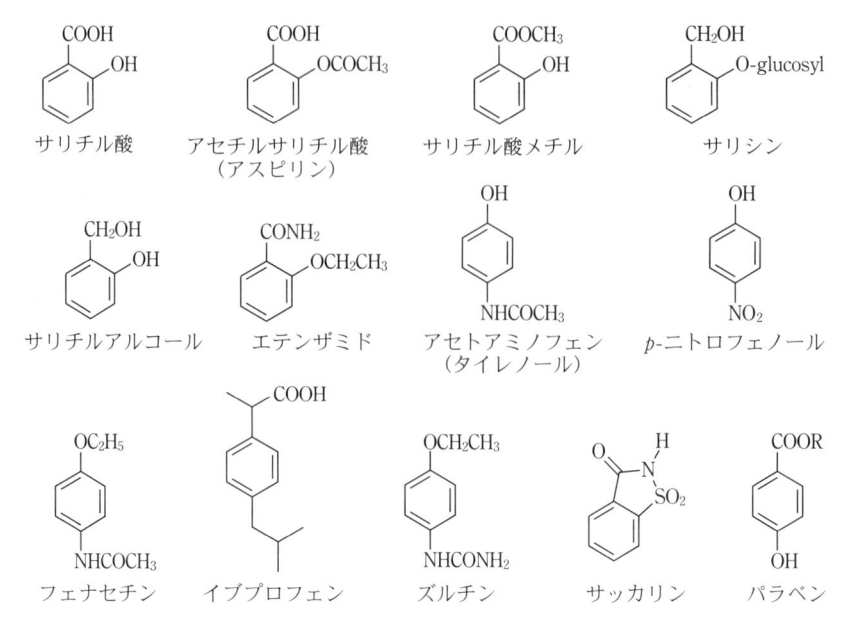

図 2.15　ベンゼン環に置換基 2 個が結合した化合物の例

リン（aspirin），またの名をアセチルサリチル酸（acetylsalicylic acid, salicylic acid acetate）となる．

　アセチルサリチル酸はすでに 19 世紀（1853 年）に合成されており，ドイツのバイエル（Bayer）社より，サリチル酸の胃を荒らす副作用が軽減された医薬として，1899 年 1 月に発売された．アスピリンの名称は［a(cetyl) + spir(säure) + in］由来で，スピルゾイレ（Spirsäure，スピル酸）はサリチル酸（salicylic acid）のドイツ語名である．なお，スピル酸の名称は，バラ科シモツケ属のセイヨウナツユキソウ（*Filipendula ulmaria*）の旧属名である *Spiraea*（シモツケ属）由来である．セイヨウナツユキソウからサリチル酸（スピル酸）が単離されたからである．

　アスピリンやサリチル酸の起源をさらにたどると，ヤナギ科のセイヨウシロヤナギ（*Salix alba*）という植物に至る．この樹皮は古くから解熱の目的で使用されており，その記録は古いもので紀元前 400 年までさかのぼるが，近代になって，その活性成分としてサリシン（salicin）という化合物が得られた．この化合物はヒドロキシ基部分にグルコースが結合している配糖体（第 3 章）であり，加水分解して，糖（この場合はグルコース）を脱離することによってサリチルアルコー

ル（salicyl alcohol）が得られる．この化合物を酸化することにより，サリチル酸が得られ，さらにサリチル酸をアセチル化することによってアスピリンが得られる．

一方，サリチル酸のカルボキシ基部分をメチルエステルとしたものがサリチル酸メチル（methyl salicylate）である．この化合物は特有の快い香りを有することから，お菓子やチューインガム，歯磨きなどの香料として，また，外用塗布薬として，鎮痛・消炎薬などに応用される．

アスピリンに類似の化学構造を有する鎮痛薬として，1951年に特許取得されたエテンザミド（ethenzamide）がある．この化合物は，アスピリンの原料となるサリチル酸のカルボン酸部分にアミノ基がついてアミド基となり，フェノール部分にエチル基が結合した形となっている．

その他の解熱・鎮痛薬でベンゼン環1個を含む有機化合物としては，やはり化学合成薬のアセトアミノフェン（acetaminophen）がある．この化合物は，またの名をタイレノール（tylenol）といい，胃を荒らすことの少ない解熱・鎮痛薬として使われている．この化合物はp-ニトロフェノール（p-nitrophenol）を原料として1878年に化学合成された．

アセトアミノフェンに類似の化合物として，1959年に特許が取得されたフェナセチン（phenacetin）もある．フェナセチンには腎臓を侵す副作用があり，死亡例もある．ただし，そのような副作用の現れる人は鎮痛薬として10年以上使っているような場合であるという．2001年，この化合物の製造販売は中止された．

鎮痛薬としてはイブプロフェン（ibuprofen）もよく使用される．この薬物には抗炎症・解熱作用も期待されている．イブプロフェンは1960年代に特許取得され，アスピリンなどとともに，非ステロイド性抗炎症薬としても注目されている．

一方，人工甘味料として，ズルチン（dulcin）やサッカリン（saccharin）がある．これらもベンゼン環に置換基が2個結合した構造を有している．ズルチンには発癌作用や肝臓障害作用のあることがわかり，1969年に使用禁止となった．また，サッカリンもFDA（アメリカ食品医薬品局）が1977年に使用禁止としたが，こちらの化合物は後に解除となっている．

ベンゼン環に2つの置換基が結合する方法としては3種類の方法がある．図2.16にベンゼン環にメチル基とヒドロキシ基の2つが結合したクレゾールの例を示す．その結合様式によって，o-（$ortho$，オルト位），m-（$meta$，メタ位）および

図 2.16 クレゾールの3つの異性体およびパラゾール

p-（*para*, パラ位）と区別され，それぞれ，*o*-, *m*-, *p*-クレゾールといわれる．ベンゼン環に2つの塩素がパラ位に結合した化合物を*p*-ジクロロベンゼンというが，この化合物を含んだ商品名をパラゾールといい，防虫薬として使用されている．

シャンプーや歯磨き，化粧品などに含まれているパラベンとは，*p*-ヒドロキシ安息香酸エステル（*p*- hydroxybenzoic acid ester）の略名である．一般式を図2.15に示した．構造式において，Rはメチル基やエチル基などを示す．

2.4.3 ベンゼン環に置換基3個が結合した化合物

ベンゼン環に置換基3個が結合した化合物の例として，図2.17に示すようなものがある．バニリン（vanillin）はもともとはラン科の *Vanilla planifolia* のさく果，すなわちバニラビーンズ（vanilla beans）から得られる化合物である．しかし，現在は安価な化学合成品がある．

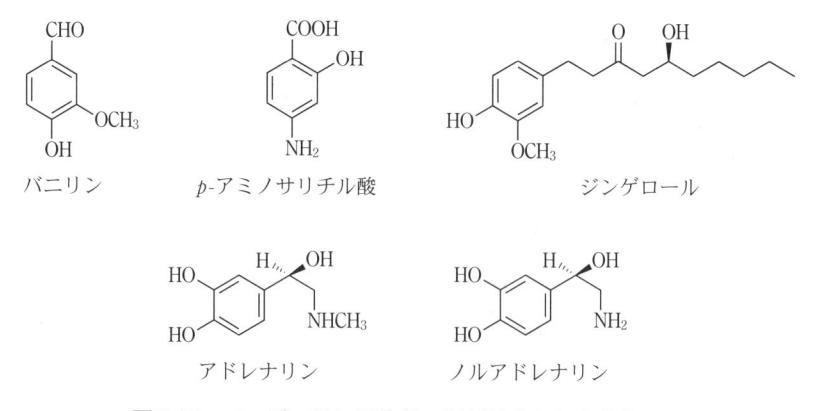

図 2.17 ベンゼン環に置換基3個が結合した化合物の例

p-アミノサリチル酸（*p*-aminosalicylic acid）は，その頭文字をとってPAS（パス）ともいわれる化学合成物質であるが，結核の治療薬の一つとして有用なものである．

また，ショウガ科の生姜（*Zingiber officinale*，英名 ginger）の辛味の主成分であるジンゲロール（gingerol）もベンゼン環に3つの置換基が結合した化合物である．

さらに，私たちの体内で神経伝達物質として重要な役割を果たしているアドレナリン（adrenaline）やノルアドレナリン（noradrenaline）も，ベンゼン環に3つの置換基が結合した化合物である．

2.4.4　ベンゼン環に置換基4個が結合した化合物

ベンゼン環に4個の置換基が結合した化合物の例（図2.18）として，TNT（2,4,6-トリニトロトルエン；2,4,6-tri<u>ni</u>tro<u>t</u>olueneの頭文字をとったもの）がある．この化合物はベンゼン環にメチル基が結合した化合物，すなわち，トルエンにニトロ基（$-NO_2$）が3個結合した形をしており，爆薬として使用される．核兵器の爆発エネルギーの単位であるメガトン（Mt）は，TNT火薬の重量を示している．ちなみに，1メガトンとは，TNT火薬1 Mt（100万トン）の爆発エネルギー相当量を示す．

TNTのメチル基がヒドロキシ基になった化合物，すなわち，フェノールにニトロ基が3個結合したものをピクリン酸（picric acid）といい，これも爆薬になる．なお，この化合物はあざやかな黄色をしており，実験動物のマーカー（個体を識別するために耳などに印をつける）としても使われる．

なお，TNTの化学名を示す際には，この化合物はトルエン（toluene）を基準としているので，トルエンのメチル基を1位とし，となりの炭素から順に2位，3位，

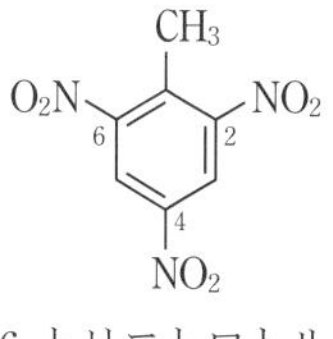

2,4,6-トリニトロトルエン
（TNT）

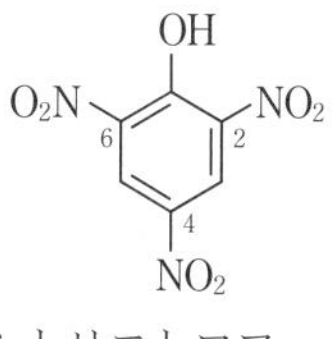

2,4,6-トリニトロフェノール
（ピクリン酸）

図 2.18　TNTとピクリン酸の化学構造

…として番号をつける．そうすると，TNT は 2, 4, 6 位にニトロ基が結合しているので，2,4,6-トリニトロトルエンとなる．

2.4.5 ベンゼン環 2 個が互いに結合した化合物

ベンゼン環 2 個が結合した化合物をビフェニル（biphenyl）という．図 2.19 に示す化学構造で，$R_1 \sim R_5$ および $R_1' \sim R_5'$ はすべて水素であるものに該当する．この水素の代わりに 2 個以上の塩素が結合したものがポリ塩化ビフェニル〔polychlorinated biphenyls（PCBs）〕，日本では略して PCB と総称される化合物群となる．PCB は 1881 年にドイツで合成された．PCB は化学的に安定で，不燃性，電気絶縁性，微生物に分解されないなど優秀な特性をもっている．そこで，断熱剤，熱媒体，電気絶縁体，感圧複写紙，印刷用インク，カーボン紙などに使用するために大量に合成された．最盛期の 1970 年には年産で 10 万トンにも達し，これまでの全世界における製造量は 120 万トン以上という．

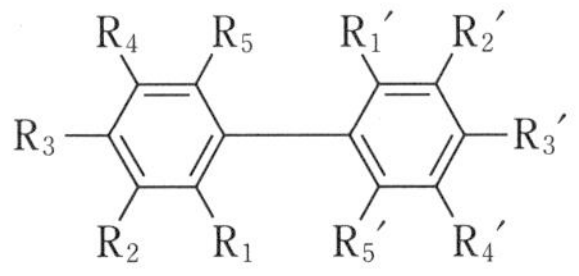

PCB の一般式（$R_1 \sim R_5, R_1' \sim R_5' =$ H または Cl） 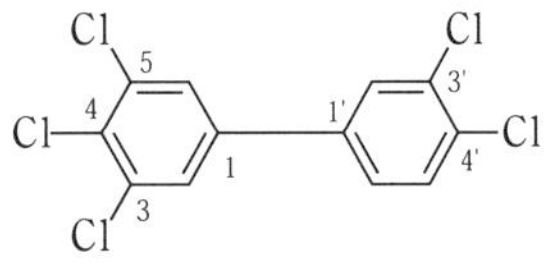　　3,3′,4,4′,5-ペンタクロロビフェニル

図 2.19 PCB の一般式

しかし，PCB はその後，人体に悪さをする化合物であることがわかった．PCB は脂溶性ゆえ，ヒトの体に入り込み，じわじわと人体を侵す．さらに，環境に放出された PCB は食物連鎖により濃縮され，濃縮されたものが最終的にヒトによって摂取される．こうなると，上記の PCB の有用と思われた特性，たとえば，化学的に安定で分解されないことや，微生物に分解されないことが，逆に始末の悪い性質となった．

わが国では，PCB による大きな中毒事件が起こっている．1968 年に九州地方北部を中心に起こったカネミ油症事件である．PCB の混入した米ぬか油（ライスオイル）を摂取した人々の顔や首，背中，腹など体の柔らかい部分に吹き出物が出る奇病が発生した．ほかにも，めまいや吐き気が起こり，肩，腰，手足の痛み，腹痛といった全身症状も出た．これは，米ぬか油製造の際に，脱臭目的で加

熱するために熱媒体として使っていたPCBがステンレスパイプからもれたために起こった事故であった．結局，認定患者だけでも1291名，死者29名にのぼった．

PCBは種々の類縁物質の混合物であるが，なかでも3,3′,4,4′,5-ペンタクロロビフェニルのようなコプラナーPCBといわれるものは，きわめて毒性の強い物質である．

一方，除草は手間のかかる仕事であり，除草剤の開発は人類にとって正に福音であった．水田では2,4-D（2,4-ジクロロフェノキシ酢酸）がおもに使用され，鉄道や道路などの除草には2,4,5-T（2,4,5-トリクロロフェノキシ酢酸）が使用される．これらの化合物は哺乳類への毒性が少ないとされるが，植物には成長ホルモンのオーキシン（インドール-3-酢酸など）様の作用をもち，植物の成長をいたずらに高め，結果として植物を枯らす．

ベトナム戦争当時の1961年，アメリカ軍はベトナムにおける枯葉作戦を開始，その後10年にわたって大量（一説によると6800万リットル）の除草剤を散布した．この除草剤のうち，約380万リットルが2,4,5-Tであるといわれる．実は，この2,4,5-Tには，現在，化学合成された最強の毒の一つ（第1章参照）とされ

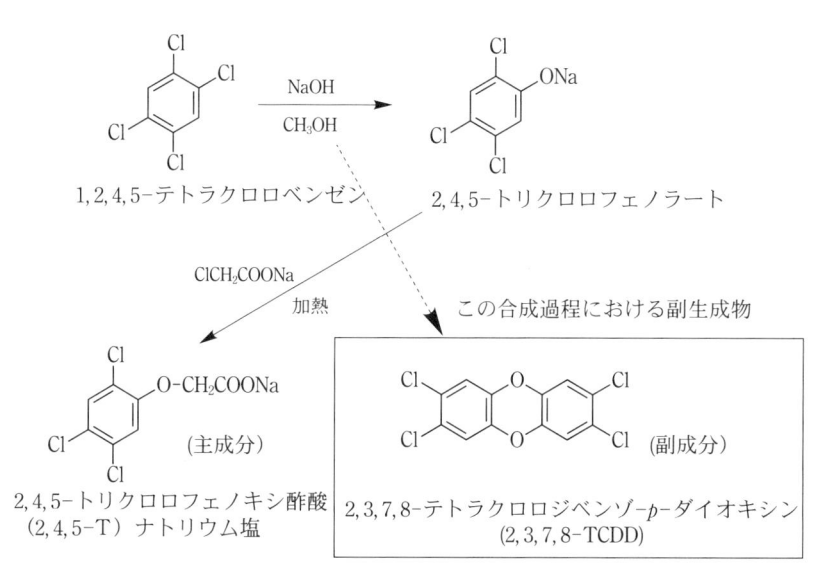

図2.20　2,4,5-T製造工程におけるダイオキシンの生成

るダイオキシン（この場合，2,3,7,8-TCDD）が推計150 kg（550 kgという説もある）も混入していた．ダイオキシンは2,4,5-Tの製造工程で2分子が結合した形での副産物として生成する（図2.20）．

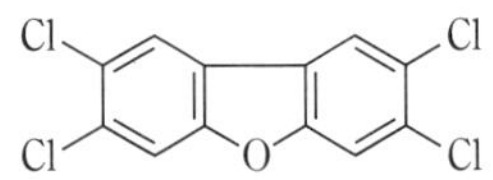

2,3,7,8-TCDF（2,3,7,8-テトラクロロジベンゾフラン）

図2.21　ダイオキシン類の例

その結果は悲惨であった．強力な発癌性と催奇形性を有するダイオキシンの影響で，ベトナムの人々や参戦アメリカ軍兵士に多数の被害が出た．ダイオキシンは，上述のコプラナーPCBに類似した化学物質である．ダイオキシン類の化合物として，ほかに図2.21に示す化合物などがある．

さらに，女性ホルモン作用を有する化学合成化合物として一時脚光をあびたDES（ジエチルスチルベストロール，diethylstilbestrol）や，19世紀末に化学合成され1930年になって殺虫剤としての効力が発見されたDDT（いずれも現在は使用禁止），そして，可塑剤として使われるビスフェノールA（bisphenol A）も，ベンゼン環2個を有する化合物である．

近年，上記のDESのほか，PCB，ダイオキシン，DDT，ビスフェノールAのようなベンゼン環が2つ結合した化合物や，さらには，ある種のアルキルフェノール類，たとえばp-ノニルフェノールのような化合物，トリブチルスズのような有機金属化合物にも内分泌系に関連する活性（女性ホルモン様作用，男性ホルモン阻害作用，甲状腺ホルモン増強作用など）のあることがわかってきた．

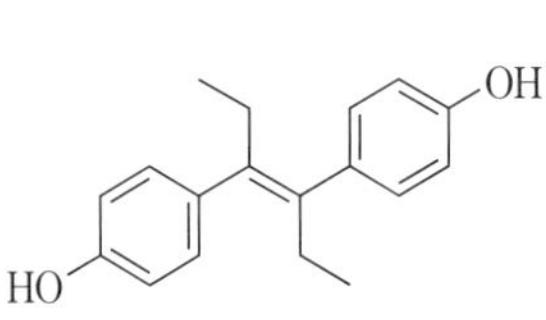

ジエチルスチルベストロール（DES）

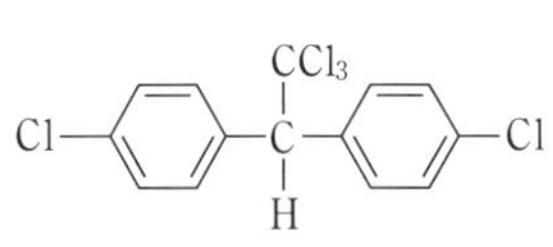

p,p'-DDT（p,p'-ジクロロジフェニルトリクロロエタン）

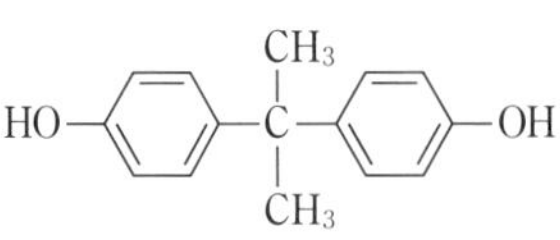

ビスフェノールA

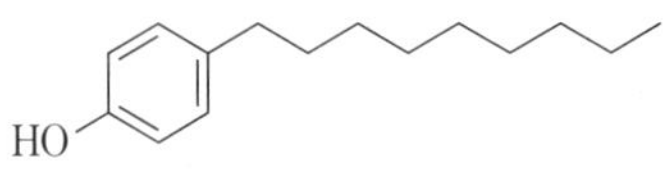

p-ノニルフェノール

図2.22　内分泌撹乱化学物質の例

2.4 ベンゼン環1～2個を含む有機化合物とその関連化合物   53

すでに述べたように，これらの化合物は内分泌撹乱化学物質または環境ホルモンといわれて，近年，大変深刻な問題になっている（図2.22）．

2.4.6 ベンゼン環にやや複雑な置換基1個が結合した化合物

この項に属する化合物でもう少し複雑な化合物について説明する．

風邪薬にピリン系と非ピリン系という言葉がある．ピリン系の風邪薬にはアンチピリン（antipyrine）や，スルピリン（sulpyrin），アミノピリン（aminopyrine）など，語尾が-pyrin(e)となっている化合物が含まれる．それらの化学構造を図2.23に示すが，これらは，それぞれ，ベンゼン環にやや複雑な部分構造が結合したものである．上述した解熱鎮痛薬であるアスピリンという単語にも日本語ではピリンという語尾がつくが，アスピリン（aspirin）はピリン（pyrin(e)）系ではない．注意してみていただければわかるように，ピリンのスペルが異なる．

また，抗炎症作用や，鎮痛作用などを期待して使用されるインドメタシン（indomethacin）の化学構造も図2.23に示した．インドメタシンのベンゼン環および窒素を含む5員環からなる部分はインドール（indole）骨格ともいわれ（第4章で述べる），この化合物はアルカロイドの一種ともいえるものである．

また，さらに，花粉症の季節になるとたくさん使われる抗ヒスタミン薬の代表的な例として，ジフェンヒドラミン（diphenhydramine）の化学構造も示した．

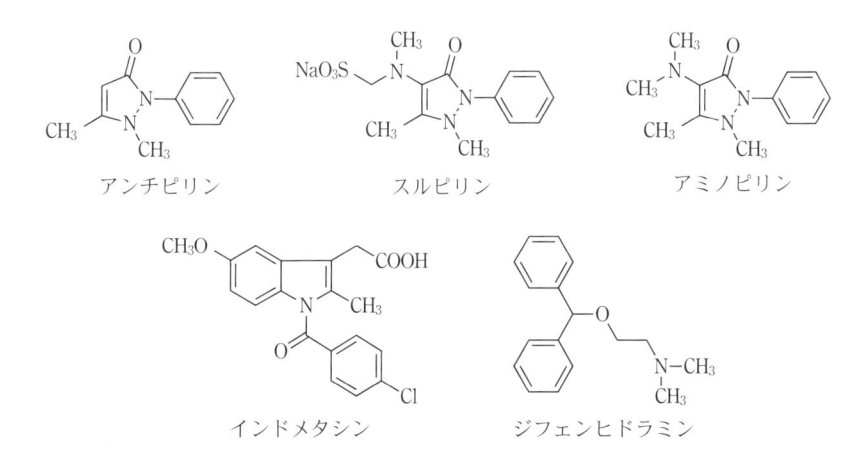

図2.23 ベンゼン環にやや複雑な基が結合した有機化合物の例

2.5 異性体と立体化学——有機化学の世界は3次元

本書では，これまでのところ，各種の有機化合物を2次元的に記載してきた．ところが，私たちの世界は3次元からなりたっている．この世界の「物」を構成している有機化合物にとってもそれは例外ではなく，有機化合物は実際には3次元構造をとっているのである．

すなわち，私たちは有機化合物を平面である紙の上に描いているが，実際にはその姿は立体的なものであり，3次元構造を有している．もっとも簡単な有機化合物であるメタンも，実際には2.5.2項（図2.26）に示すように立体的な存在である．そこで，各種の有機化合物を3次元構造を念頭に入れて描いたり，その化学構造について言及する際に注意すべき事項があり，それらの事柄を有機化学では立体化学といっている．

有機化合物の立体化学を理解するためには，まず，幾何異性体と光学異性体という言葉を理解していただきたい．まずは前者の幾何異性体の例から述べていく．

2.5.1 幾何異性体

二重結合をつくる2つの炭素に異なった2つの基がそれぞれ結合した場合，2種類の立体異性体が存在する．これらの一組を幾何異性体という．この2種の化合物は互いに化合物的にまったく異なるものとなる

わかりやすい例として，マレイン酸（maleic acid）とフマル酸（fumaric acid）をとりあげよう（図2.24）．これらの化合物はいずれも二重結合上の炭素に水素とカルボン酸が結合しているが，水素に着目すると，前者は二重結合の同じ側に，また，後者は異なる側に結合している点で区別される．そして，前者のように同じ基が同じ側に結合しているほうをシス（*cis*）体，異なる側に結合しているほうをトランス（*trans*）体とよんで区別する．

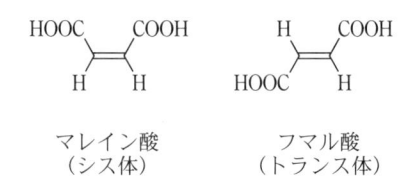

図 2.24　マレイン酸とフマル酸の化学構造

2.5 異性体と立体化学

このように，二重結合のそれぞれの炭素に結合している基が共通している場合には，両者をシス体とトランス体に区別できる．ところが，共通の置換基がない有機化合物の場合にはこの区別法は適用できない．その場合に応用されるのが，E,Z表示法である．E,Z表示法とは，二重結合のまわりの様子をE（Entgegen，ドイツ語で「反対に」の意味）とZ（Zusammen，ドイツ語で「一緒に」の意味）で表現する方法である．

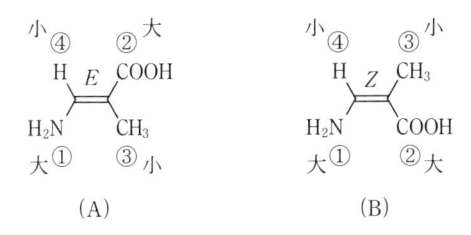

```
     小 ④    ② 大              小 ④    ③ 小
        H  E  COOH                 H  Z  CH₃
         \\ /                        \\ /
          C=C                         C=C
         / \\                         / \\
       H₂N   CH₃                   H₂N   COOH
     大 ①    ③ 小              大 ①    ② 大
          (A)                         (B)
```

図 2.25 E,Z法でないと立体配置を表記できない化合物の例

この表示方法におけるEとZの決定方法を説明しよう（図2.25参照）．この方法では，二重結合のまわりに結合している4つの基の原子の大きさに着目する．たとえば，ある二重結合に水素原子（-H），メチル基（-CH₃），アミノ基（-NH₂），およびカルボキシ基（-COOH）が結合した2つの化合物について考える．まず，二重結合に直接結合している原子どうしの原子量を比べると，もっとも大きいのは窒素（N＝14）が直接結合しているアミノ基，もっとも小さいのが水素原子となる．メチル基とカルボキシ基はいずれも二重結合に直接結合している原子は炭素（C＝12）であるから，これらはアミノ基より順位が低く，水素原子より順位は高い．しかし，このままでは，メチル基とカルボキシ基との順位の決定はできない．すなわち，この段階での順位は［アミノ基＞メチル基＝カルボキシ基＞水素原子］である．

そこで，次にメチル基とカルボキシ基の順位を決定する必要にせまられる．そのためには，二重結合に直接結合している原子の次の原子どうしの比較となる．メチル基の場合，炭素の次に結合しているのは水素原子（H＝1；3個）である．これに対して，カルボキシ基の場合は二重結合を通じて結合した酸素1個（O＝16）と，単結合で結合した酸素1個が結合している．いうまでもなく，［酸素の原子量＞水素の原子量］であるから，カルボキシ基はメチル基よりも上位となる．

そこで，この二重結合に結合している基の順位は［①アミノ基＞②カルボキシ基＞③メチル基＞④水素原子］となる．

この4つの基が二重結合をつくっている炭素に結合した（A）および（B）の2つの化合物についてEとZの区別をしてみる．上述のように，いずれも二重結合にアミノ基，カルボキシ基，メチル基および水素原子が結合しているが，図において，（A）のほうは二重結合の下方にアミノ基とメチル基が，また，（B）のほうは二重結合の下方にアミノ基とカルボキシ基が結合している形をとっている．その順位は図2.25に書き込んだとおりである．二重結合の左側をみるとアミノ基が水素より優位にある．一方，二重結合の右側をみると，カルボキシ基がメチル基より優位にある．そして，化合物（A）の場合，優位にある基（アミノ基とカルボキシ基）が二重結合の別の側にある．このような配置をとっている場合をE配置という．これに対して，化合物（B）においては，二重結合の左右で優位にある基が二重結合の同じ側（下側）にある．このような配置をとっている場合はZ配置と結論づけられる．

このE, Z法は，シス/トランス法とは異なり，基の共通性にかかわりなく使えるので便利である．ただし，結合している基の順位の決定については，ここでは比較的わかりやすい基を選んで説明したが，順位決定がかなり複雑になる場合もある．詳しくは他の成書をご覧いただきたい．

2.5.2　メタンの立体構造

炭素には4本の手があり，もっとも簡単な場合であるメタンを考えると，メタンの炭素に結合している水素は炭素を正四面体の中央に置くと，水素はその4つの角の部分に存在することになる．そして，その水素はいずれも炭素から同じ距離にあり，水素-炭素-水素でつくられる角度はいずれも同一（109°28′16″）である．メタンの化学構造を図2.26に立体的に表す．破線の楔形は紙面の奥にある結合，黒い楔形は紙面の手前にある結合を示す．

一方，もしも，有機化合物が2次元（平面）的構造を有しているのであれば，燃料として多用されるプロパン（propane, $CH_3CH_2CH_3$）には図2.26に示したように2種類の化合物が存在するはずであるが，実際にはプロパンは1種類しか存在しない．これはプロパンの各炭素の結合の手がメタンと同様に同じ角度で3次元空間に延びているためである．ある炭素に結合している4つの基のうち2つ以上

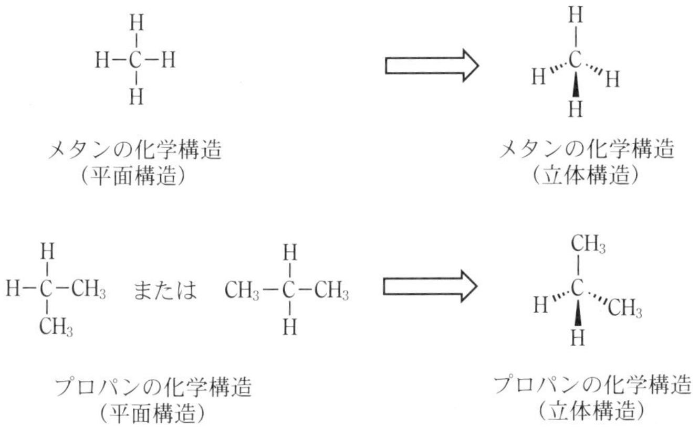

2.5 異性体と立体化学

メタンの化学構造
（平面構造）

メタンの化学構造
（立体構造）

プロパンの化学構造
（平面構造）

プロパンの化学構造
（立体構造）

図 2.26 メタンおよびプロパンの化学構造

が同じ場合には，この炭素に関しては立体的に1種類の構造しか存在しない．

2.5.3 不斉炭素と R, S 表示法

ある炭素に結合している置換基のうち2つ以上が同一の場合には，この部分の3次元構造に関しては1種類しか存在しないことは上述のとおりである．これに対して，ある炭素に結合している基がすべて異なる場合，この炭素に関して，立体的に異なる2種類の化合物が描ける．このような炭素をとくに不斉炭素（asymmetric carbon）といい，この炭素についての立体的な違いを R（rectus，ラテン語で「右」の意味）と S（sinister，ラテン語で「左」の意味）で表示することができる．R は時計回り，S は反時計回りである．

たとえばアラニン（alanine）というアミノ酸を例にとって説明しよう（図2.27）．アラニンには1個の不斉炭素があり，この不斉炭素には水素原子（-H），メチル基（-CH$_3$），カルボキシ基（-COOH），およびアミノ基（-NH$_2$）が結合している．R, S 表示をするためには，まず，これらの基の順位を決定しなければならない．そこで使うのが，先に，二重結合上の E, Z 表示法で用いたのと同じ方法である．アラニンに結合している各基は，E, Z 表示法で説明したときの基とまったく同じ組合せであるから，その順位は，[アミノ基＞カルボキシ基＞メチル基＞水素原子]である．これらの3次元的な並べ方は図2.27の2通りのみとなる．

さて，この2つをどのように区別するかが，この R, S 表示法の見せどころであ

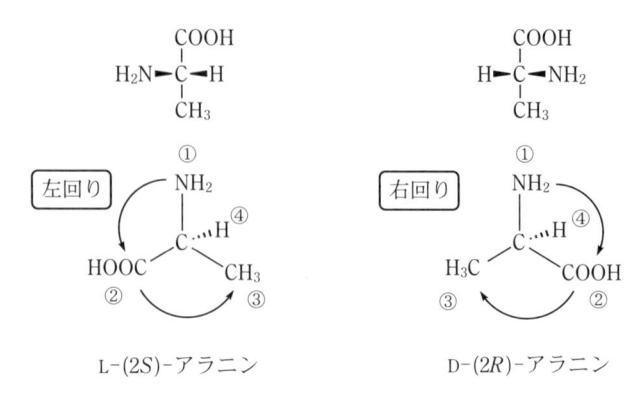

図 2.27 R,S 法によるアラニンの立体化学の表示

る．4 つの基のうち，もっとも小さな水素原子を奥に置き，手前に 3 つの基がくるようにみる．そして，この 3 つの基を順位の高いほうから低いほうへとみていくのである．それが，右回りであれば R，左回りであれば S とする．そうすると，タンパク質を構成する L-アラニンは，2 位の不斉炭素の立体配置が S となるので，このアミノ酸は L-(2S)-アラニンと表示することができる．

この方法はある不斉炭素にどのような基が結合していても応用が可能である．

2.5.4 立体（光学）異性体の発見

立体（光学）異性体という概念を発見したのは，パストゥール（L. Pasteur, 1822～1895）である．彼は，酒石酸（tartaric acid）の研究をしているうちに，この事実を見い出した．酒石酸は，葡萄酒（ワイン）の製造過程で生成する化合物である．

通常の酒石酸の水溶液は，旋光計で測定すると $+12.0°$（$[\alpha]_D^{20}$, $c = 20$ in H_2O）の右旋性（dextrorotatory）を示す．そこで，この酒石酸には dextrorotatory の頭文字をとった d または（+）が付けられ，d-酒石酸または（+）-酒石酸といっていた．ところが，他の性質はまったく同じであるのに，旋光計で測定しても旋光度を示さない（旋光度が 0 である）酒石酸が見つかった．それはパラ酒石酸（paratartaric acid）とよばれていた．

パストゥールは，このパラ酒石酸のナトリウムおよびアンモニウムの複塩を調製し，これを結晶化し，その結晶を顕微鏡下で観察したところ，2 種類の形状の

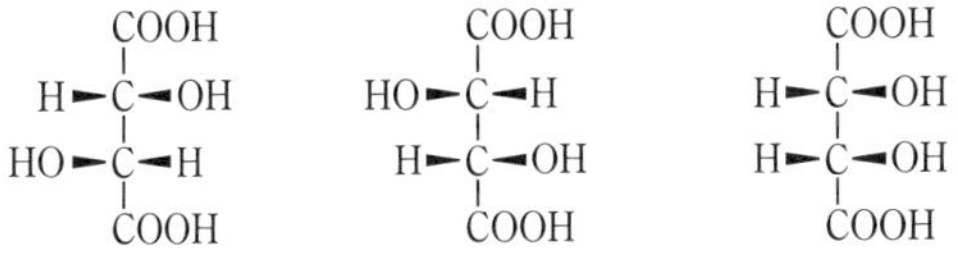

2.5 異性体と立体化学

```
   COOH            COOH            COOH
H─C─OH          HO─C─H           H─C─OH
HO─C─H           H─C─OH           H─C─OH
   COOH            COOH            COOH
  d-酒石酸         l-酒石酸         meso-酒石酸
```

図 2.28 d-酒石酸，l-酒石酸および meso-酒石酸

結晶が生成していることを見い出した．彼はこれらの2種類の結晶をピンセットでたんねんに分け，取り分けたそれぞれの化合物をもとの酒石酸に戻して水溶液としたところ，片方は d-酒石酸（(+)-酒石酸）と旋光度（右旋性）を含めてまったく一致することがわかった．ところが，もう一方の化合物は，旋光度の絶対値は同じものの，前者とは逆に左旋性（levorotatory）の旋光度を示したのである．そこで，これを l-酒石酸または（−)-酒石酸とよぶことになった．この化合物は，旋光度を除いては前者とまったく同じ性質を示す．

以上の発見の結果，パラ酒石酸とは，右旋性の d-酒石酸（(+)-酒石酸）と左旋性の l-酒石酸（(−)-酒石酸）との等量混合物であることがわかった．右旋性のものと左旋性のものが等量混合し，旋光性を打ち消しあったため，旋光度が相殺されて0となったのである．このような混合物を現在ではラセミ体（racemic body）といっている．図2.28に示すとおり，酒石酸には2つの不斉炭素があるが，d体と l 体は，この部分について，お互いに鏡に写したような立体をもっている．このような d 体と l 体の関係を鏡像体（mirror image）という．

なお，酒石酸には分子中に2つの不斉炭素があり，このような化合物をジアステレオマーというが，酒石酸の異性体のなかには，真ん中で上下対称となっているものがある．すなわち，図2.28の右側のものにあたり，その鏡像体は立体化学を含め，もとのものとまったく同じものになる．このような化合物は分子内に不斉炭素を有しながらも旋光性を示さず，メソ（meso）体と称される．

2.5.5 グリセルアルデヒドと D, L 体

グリセルアルデヒド（glyceraldehyde）は，不斉炭素となる炭素に，水素原子（-H），ヒドロキシ基（-OH），アルデヒド基（-CHO），およびヒドロキシメチル基（-CH$_2$OH）が結合した形をしている．

グリセルアルデヒドの立体化学を図2.29のように示すこともできる．この図

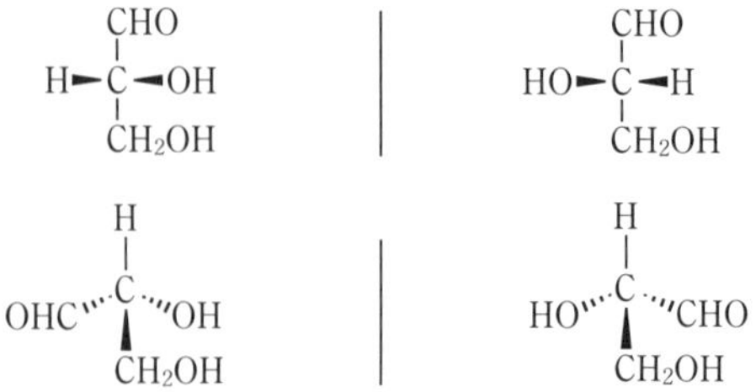

```
        CHO                    CHO
    H—C—OH                HO—C—H
        CH₂OH                  CH₂OH

         H                      H
         C                      C
   OHC⋯⋯ ⋯⋯OH          HO⋯⋯ ⋯⋯CHO
        CH₂OH                  CH₂OH

   D-(d)-グリセルアルデヒド    L-(l)-グリセルアルデヒド
```

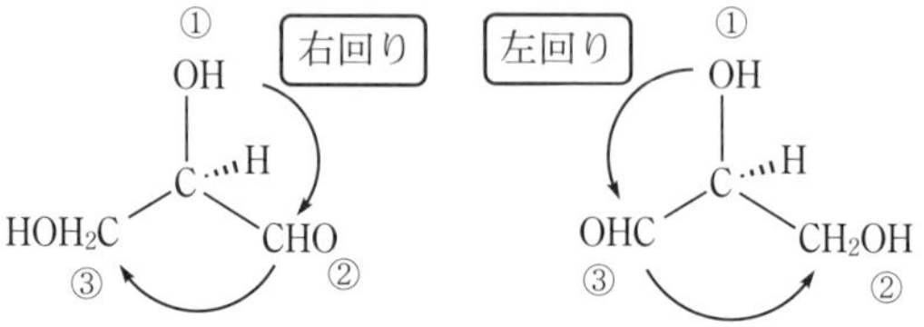

```
      ①                          ①
      OH    右回り       左回り    OH
       C⋯⋯H                     C⋯⋯H
   HOH₂C   CHO          OHC    CH₂OH
      ③    ②            ③      ②

   D-(2R)-グリセルアルデヒド   L-(2S)-グリセルアルデヒド
```

図 2.29 D- および L-グリセルアルデヒドの立体化学

において，左右にのばした線は紙面の手前に出ていることを，また上下にのびている線は紙面の後方に向かうことを示す．ヒドロキシメチル基を下にアルデヒド基を上に置けば，グリセルアルデヒドはヒドロキシ基が右にあるものと左にあるものの2種類に描き分けることができる．そこで，旋光度が $d-(+)$ のグリセルアルデヒドのほうをヒドロキシ基が右側にあるものと仮定してD体と名づけ，旋光度が $l-(-)$ のグリセルアルデヒドのほうをL体と仮定した．

　すなわち，当初，このD,L表示は，あくまでも，概念として紙の上に描いた立体化学構造に基づいた表示方法と実際の旋光度を結び付けたものであった．

　その後，ややあって，D- および L-グリセルアルデヒドの立体化学が明らかとなる．その結果，偶然にも，この化合物の場合，上記の仮定が実際の立体と一致することがわかった．すなわち，旋光度が $d-(+)$ のものはD体と仮定したものであり，旋光度が $l-(-)$ のグリセルアルデヒドはL体と仮定したものであった．

　その後，糖質化学の発展に伴い，ある単糖を化学変換していって，D-グリセルアルデヒドに変換できるものをD体の糖，L-グリセルアルデヒドに変換できるものをL体の糖ということになった．結局，単糖の化学構造をグリセルアルデヒドと同様に，アルデヒドを上になるように描いた場合，下から2番目の炭素に結

2.5 異性体と立体化学　　61

```
     COOH                    COOH
   H-C-OH                 HO-C-H
     CH₃                     CH₃

      H                       H
      |                       |
HOOC-C-OH                 HO-C-COOH
     CH₃                     CH₃

   D-(l)-乳酸                L-(d)-乳酸
```

図2.30　D-およびL-乳酸の立体化学

合しているヒドロキシ基が右に出るものをD体，そして，左側にヒドロキシ基がくるものをL体としている．そうすると，通常のグルコースはD-グルコースである（3.2.1項）．

なお，乳酸（lactic acid）をグリセルアルデヒドと同様に示したものを図2.30に示す．私たちの体内における解糖の最終産物として生成する乳酸はL体のものである．このL-乳酸の旋光度は（+）すなわちdであることから，L-(+)-乳酸，または，L-d-乳酸と表されることになる．この化合物の場合，グリセルアルデ

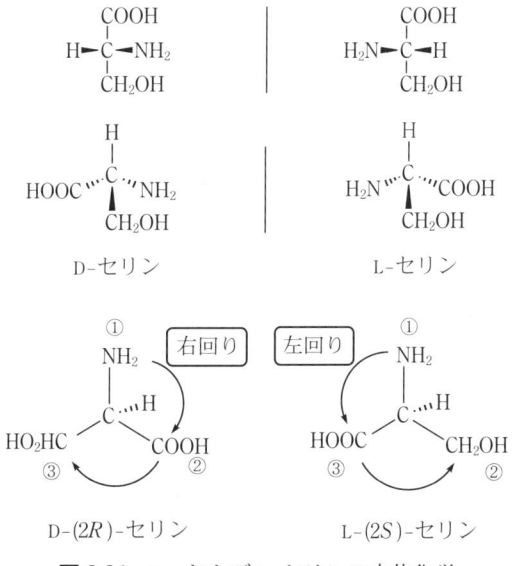

```
     COOH                    COOH
   H-C-NH₂               H₂N-C-H
     CH₂OH                   CH₂OH

      H                       H
      |                       |
HOOC-C-NH₂              H₂N-C-COOH
     CH₂OH                   CH₂OH

    D-セリン                  L-セリン
```

```
     ①NH₂     [右回り]     [左回り]    ①NH₂
       \                              /
        C…H                         C…H
       / \                          / \
   HO₂C   COOH                HOOC    CH₂OH
    ③      ②                  ③      ②

  D-(2R)-セリン              L-(2S)-セリン
```

図2.31　D-およびL-セリンの立体化学

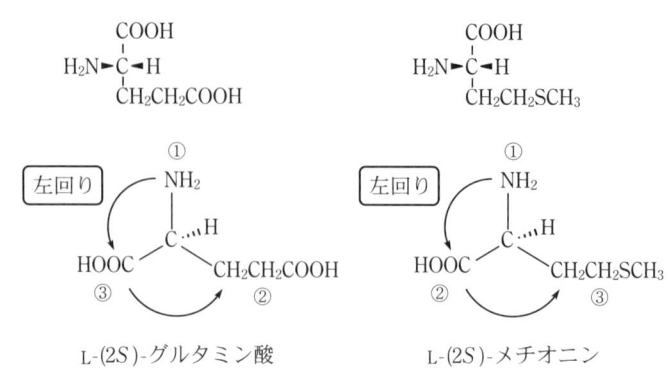

```
    COOH                           COOH
    |                              |
H₂N-C◄-H                       H₂N-C◄-H
    |                              |
    CH₂CH₂COOH                     CH₂CH₂SCH₃
```

図2.32 L-グルタミン酸およびL-メチオニンの立体化学

ヒドとは異なって，化学構造上の立体を示す記号はL-であるが，実際の旋光度を示す記号はdとなっていることに注意されたい．なお，微生物による乳酸発酵では通常，D体とL体が等量混合物となったラセミ体が生成する．

一方，アミノ酸の立体化学においては，セリン（serine）を基準としている．すなわち，化学変換により，L-セリンに変換できるものをL系のアミノ酸，D-セリンに変換できるものをD系のアミノ酸といっている．タンパク質を構成するアミノ酸はグリシンを除いて，すべてα位に不斉炭素があるが，その立体はLである．すなわち，L系のアミノ酸となっている（図2.31）．図2.32にL-グルタミン酸およびL-メチオニンの化学構造を示す．

糖やアミノ酸化学において，D,L表示は大変に便利な場合があるが，この表示方法はどのような有機化合物にも応用できるものではない．これに対して，R,S表示法はどのような有機化合物にも応用が可能であり，また，1分子中の各不斉炭素の立体化学を示す目的でも使われる．

2.6 有機化合物の表示法と命名法——亀の甲と親しくなる

ここまで，ひととおり有機化合物を理解するための基礎について述べたので，次に各種の有機化合物の表記方法と命名法について簡単にまとめておく．

有機化合物の表記法は，実はいつも絶対的なものが存在しているわけではなく，かなり便宜的なものとなっているところも多々あることを理解していただきたい．

2.6.1 有機化合物の表示法

メタン（methane）はCH$_4$であり，エタン（ethane）はCH$_3$CH$_3$（またはC$_2$H$_6$）であり，これらはこのまま示すほかはない．しかし，炭素鎖が長いn-ヘキサン（n-hexane）をメタンやエタンと同じように示すとき，化学構造があいまいとなるC$_6$H$_{14}$という表示法を避けようとすればCH$_3$CH$_2$CH$_2$CH$_2$CH$_2$CH$_3$となり，かなりうるさく感じるし，描くのもやっかいである．よって，この化合物はCH$_3$(CH$_2$)$_4$CH$_3$とするか，または，図2.33の右側に示したように，折れ線で表示することが一般的である．このことは，2.3.2項でも述べた．線の折れ目と両端はそれぞれ，メチレン（methylene, CH$_2$）とメチル（methyl, CH$_3$）基を示す．両端のメチル基を強調するために，末端にCH$_3$あるいはMeをつけて示すこともある．ここらのところなどは，かなり便宜的である．

同じように，シクロヘキサン（cyclohexane）はCH$_2$を線でつないで輪とするよりも，単なる線で示すことが多い．そしてそのほうがすっきりとしている．γ-BHC（γ-ベンゼンヘキサクロリド，γ-benzene hexachloride）〔リンダン（lindane）

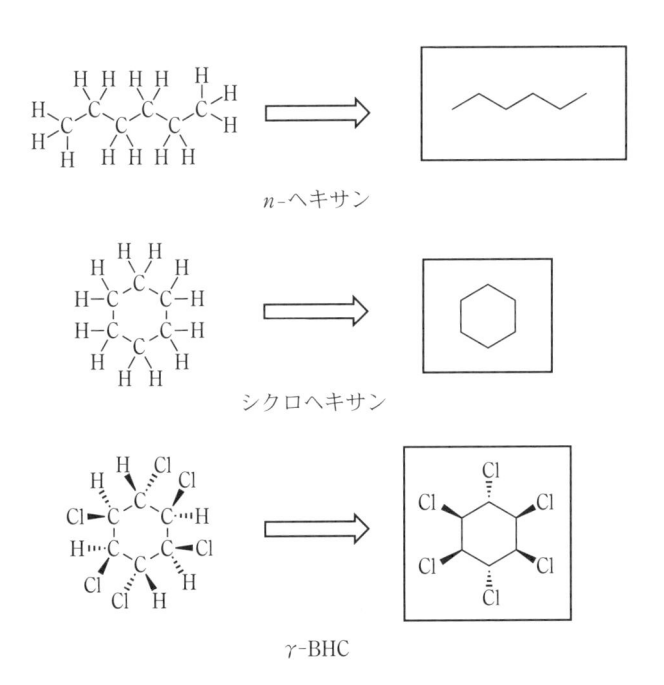

図2.33 n-ヘキサン，シクロヘキサン，およびγ-BHCの表記法

表 2.4　各種の芳香環の例

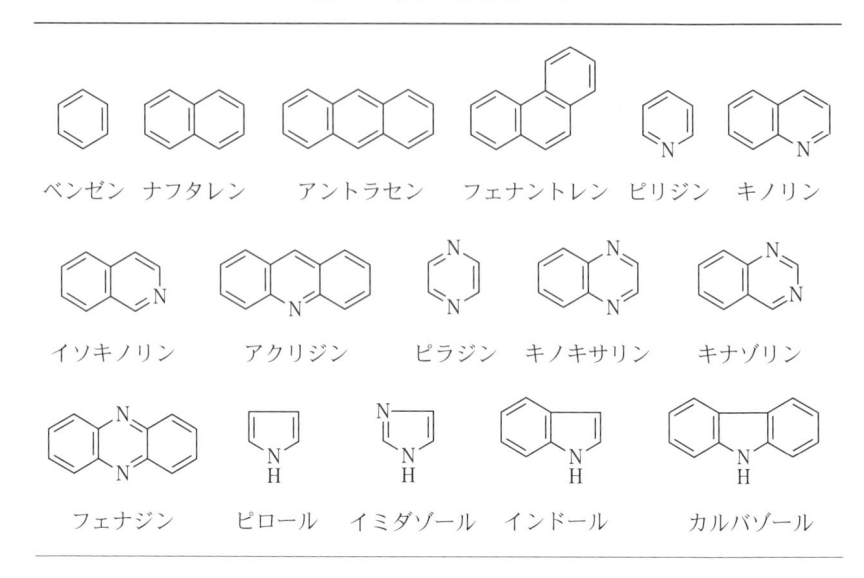

ベンゼン　ナフタレン　アントラセン　フェナントレン　ピリジン　キノリン

イソキノリン　アクリジン　ピラジン　キノキサリン　キナゾリン

フェナジン　ピロール　イミダゾール　インドール　カルバゾール

ともいう〕のように，置換基があり，それらの立体を示す必要がある場合の表示も示しておく．いずれの化合物においても，省略形で描いたほうがすっきりし，むしろ，より理解しやすいことがわかっていただけると思う．

　ベンゼンや，ベンゼン環その他の環状化合物が結合した一群の化合物をとくに芳香族化合物ということがある．芳香という名前がついてはいるが，これは，単に，有機化学の初期のころに，芳香のあるものにこれらの部分構造があったのでついた名称である．この部分構造をもつ有機化合物のなかには，香りというよりも悪臭を感じるものや，臭いのないものもたくさんある．

　芳香環は典型的な亀の甲の例であるが，有機化学のさまざまな事柄を説明するには，これら亀の甲を使うと大変便利である．これらの基本骨格にはそれぞれ固有の名前があり，それらの例を表 2.4 に示すが，読者諸氏はこれらを一挙に暗記する必要はない．有機化学に親しむうちに少しずつ自然に頭に入っていけばよいし，必要に応じて調べられれば，まったく不都合はないと思う．

2.6.2　有機化合物の命名法

　各有機化合物にはそれぞれ化学名が与えられる．その命名の仕方には IUPAC

(International Union of Pure and Applied Chemistry）による規則があり，いかなる有機化合物でも化学名をつけることができる．ただ，その命名法についてはかなり複雑となるものもあるので，この本においてはその詳細は取り扱わないことにする．詳しく知りたい場合には，関連の書物を参照していただきたい．

ただ，この本の読者に知っておいていただきたいのは，有機化合物のなかには化学名のほかに，一般名や慣用名などの別の呼び方のあるものも多くあるという事実である．また，前述の有機化合物の化学構造の示し方と同様，有機化合物の名前の示し方にもやはりかなり便宜的なところがあるということである．

メチルやエチルは基の名前である．分子中にヒドロキシ基（OH基）のあるアルコール類の語尾は〜オール（-ol）となるので，もっとも一般的なアルコールであるエチル基にOHのついたアルコールはエタノール（ethanol）となる．一方，エタノールにはエチルアルコール（ethyl alcohol）という呼び方もあるし，単にアルコール（alcohol）といっただけでエチルアルコールを示すこともある．

有機化合物の名前には，基（2.3.4項）とよばれる基本単位の名称が名前の一部としてつくことが多い．基とは，その部分構造がひとまとまりとなって有機化合物の一部をなしているものである．基について親しんでおくと，化合物の名前からその化学構造を類推することができるようになる．本書でふれている基にも，メチル基やエチル基のほか，フェニル基（ベンゼン環のこと），ヒドロキシ基，アルデヒド基，ケトン基，カルボキシ基，ニトロ基，アミノ基などがある．

2.7　有機化合物の分類法——よく知られた有機化合物はどのようなグループに属するか

この世界にある有機化合物にはどのようなものがあるのかを理解していただくために，それらの分類について述べる．実は，有機化合物の分類法にはいろいろなものがあるが，本書では独自の方法を試みる．有機化合物は炭素を基本骨格としているので，分子中に炭素を含むのは当然であるが，水素も含まれる．さらに，酸素を含むものも多い．ところが，窒素を含むものとなるとその数はかなり減る．一方，分子量がきわめて大きい高分子有機化合物は，いわゆる普通の低分子有機化合物とはかなり性格が異なる．

そこで，ここでは，まず，高分子有機化合物を別の一群としたあと，低分子有

機化合物については，分子中に窒素を含むか否かによって二大別することにした．

2.7.1 身近な有機化合物の分類法

有機化合物は炭素骨格を基本とする化合物であるから，分子中に炭素（C）を含むのは当然であるが，ほとんどの化合物は炭素とともに水素（H）も含む．また，分子中に酸素（O）も含む有機化合物も多い．ところが，これら，炭素，水素，および酸素を含む有機化合物に比べて，分子中に窒素（N）を含む化合物となるとその数はかなり減少する．また，有機化合物中，巨大分子となっている高分子有機化合物とよばれる化合物群は，低分子有機化合物とは出自も性質もかなり異なる．

そこで，身近な有機化合物を分類する場合，まず，これらを低分子有機化合物と高分子有機化合物に二大別した後，低分子有機化合物をさらに分子中に窒素を含まないものと含むものに二大別すると便利なことが多い．はじめの化合物群を非含窒素有機化合物群，そして，2番目の化合物群を含窒素有機化合物群とよぶことにする（図 2.34）．

私たちが身近に見聞きする有機化合物のうち，非含窒素有機化合物群に分類される化合物は，おおまかに，脂肪酸，糖，テルペノイド，フェニルプロパノイド（いずれも関連化合物を含む），そして，その他の化合物の5つに分類される．分子中に窒素を含まないこれらの低分子有機化合物は，第3章でとりあげる．

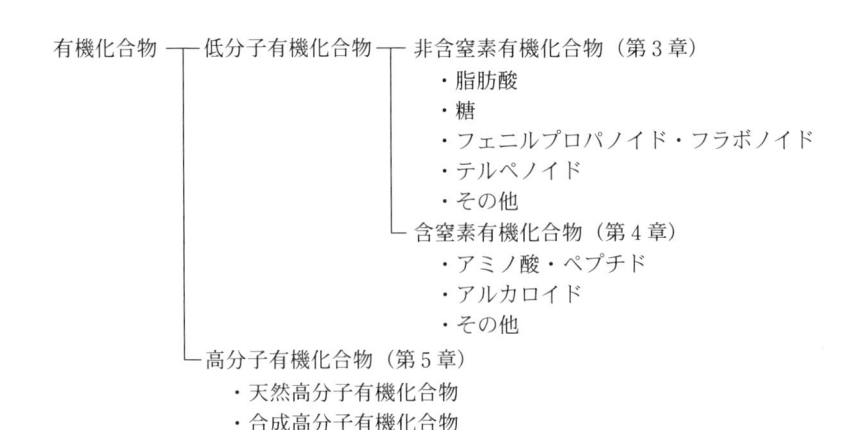

```
有機化合物 ─┬─ 低分子有機化合物 ─┬─ 非含窒素有機化合物（第3章）
            │                      │    ・脂肪酸
            │                      │    ・糖
            │                      │    ・フェニルプロパノイド・フラボノイド
            │                      │    ・テルペノイド
            │                      │    ・その他
            │                      └─ 含窒素有機化合物（第4章）
            │                           ・アミノ酸・ペプチド
            │                           ・アルカロイド
            │                           ・その他
            └─ 高分子有機化合物（第5章）
                 ・天然高分子有機化合物
                 ・合成高分子有機化合物
```

図 2.34 身近に見聞きする有機化合物のおおまかな分類

一方，含窒素低分子有機化合物のほうは，タンパク質を構成する一般アミノ酸と，少数のアミノ酸のペプチド結合によって生成する比較的小分子のペプチドを一つのグループとしてくくってしまうと，それ以外のほとんどの化合物は，アルカロイドとよばれる，いってしまえば雑多な化合物に分類される．これらの，分子中に窒素を含む低分子有機化合物は第4章で述べる．

　分類というものには必ず例外が生じるものである．たとえば，非含窒素有機化合物群中の糖に分類したもののなかには，アミノ糖と称される含窒素有機化合物が存在する．アミノ糖は，含窒素有機化合物の「その他」に属する化合物の例といえよう．これらの例外となる有機化合物の扱いであるが，アミノ糖に関しては便宜的に，おもに非含窒素化合物群の糖のところで述べる．

　また，上記の分類はおもに天然に存在する有機化合物の分類方法であるが，これらの化合物に関連する種々の化学合成有機化合物も存在する．これらの化合物についてはそれぞれ，上記の分類項目の関連する項目のなかで述べる．

　一方，糖やアミノ酸がたくさん連なり，巨大分子となったものはそれぞれ多糖類やペプチド（タンパク質）と称される．これらの化合物を総称して高分子有機化合物という．DNAやRNAも高分子有機化合物といえる．ところが，これらの多糖類やタンパク質など天然に存在する高分子有機化合物とは別に，現代では，化学合成された高分子有機化合物が私たちの生活に大きくかかわりあいをもっている．これらの合成高分子有機化合物は，現代生活にとって大変重要で，有機化学の世界でも大きな領域となっている．本書では高分子有機化合物については，その起源により，天然高分子有機化合物と合成高分子有機化合物に二大別して，第5章で述べることにする．

2.7.2　ケミカルアブストラクツについて

　私たちがもし，新しいと思われる有機化合物を化学合成したり，天然界から単離したりして手にしたとき，その有機化合物が果たしてそれまでにすでに知られているもの（文献に記載されている化合物）か，あるいは新しいものかを調べる必要がある．その目的で使われるものにケミカルアブストラクツ（*Chemical Abstracts*）という定期刊行の学術誌がある．

　この本は化学に関する2次情報誌で，世界中で刊行された学術論文や特許など（1次情報）の抄録（アブストラクト）を，最近では，1編あたり5〜20行程度

にまとめ，1ページには約15〜20程度の抄録が載っている．1907年に刊行が開始され，現在も定期的に刊行されている．

上記の抄録が掲載されている冊子は，現在，A4判の大きさで1000ページ前後のものが毎週2冊発行されている．また，その内容についての索引号が，一般項目によるもののほか，著者名，化合物名と分子式によっても作成され，これらはそれぞれ毎年1冊ずつ発行されている．さらに，5年ごと（かつては10年ごと）に，その間の事項を全部まとめた索引号が発行される．

よって，あなたが手にした化合物の分子式がわかっており，その分子式がたとえば$C_{15}H_{21}NO_3$であれば，索引号の冊子でその分子式に該当する項目をあたればよい．索引は炭素の数の順番になっているので，まず，C_{15}の項目をさがす．そこにはたくさんのリストがあるだろう．炭素の数が同じ化合物については，水素の数の少ないものから順に並んでいるので，そのなかでH_{21}の部分をさがしだす．そこには$C_{15}H_{21}$までが共通となっている化合物が並んでいる．さらに，その中で，窒素（N）が1個含まれている化合物のリストを見い出し，さらに，そのリストの中から酸素（O）が3個含まれている化合物のリストを見つけだすという手順になる．

そこには$C_{15}H_{21}NO_3$という分子式をもった有機化合物についての抄録の番号の数字がある．その数字は，掲載されている冊子の巻数と抄録番号からなるので，当該冊子にたどり着くことができるようになっている．そして，それぞれの抄録に掲載されている化学構造式を確認することにより，自分が見い出した化合物が新規化合物なのか否か，そして，もし自分が見い出した化合物が新規でなければ，この化合物についてはどのような研究がすでになされているのかなどがわかる．さらに，抄録にはオリジナル論文の掲載誌も記載されているので，より詳しい情報を知るためには，オリジナルの文献を調べればよい．

ケミカルアブストラクツは，膨大な情報集であり，近年では1年分で図書館の大きな書棚一つに入りきらないほどになる．しかし，研究の新規性（化合物の新規性など）を確認するためには，この情報誌で確認する必要があり，化学研究には必須な情報誌である．ただし，現在，この抄録誌はだんだんにコンピュータ化されてきており，近い将来は，コンピュータによる検索が主となってくるかもしれない．一度は，人類の叡智の集積ともいえるケミカルアブストラクツの納められている書棚を見る機会をもってはいかがであろう．

ーコ●ラ●ムー

アボガドロ数について

　1 mol 中に含まれる原子や分子の数は 6.02×10^{23} 個であり，これをアボガドロ数という．アボガドロ数は，イタリアの物理学者・化学者であるアボガドロ（A. C. Q. C. Avogadro, 1776 ～ 1856）によって1811年に発表された．ここでは，本文ではとりあげなかったアボガドロ数について少し考えてみよう．

　私たちがいわゆる砂糖として使っているスクロース（$C_{12}H_{22}O_{11}$）の分子量を求めてみる．炭素の原子量は12，水素の原子量は1，そして，酸素の原子量は16であるから，スクロースの分子量は342〔$(12 \times 12) + (1 \times 22) + (16 \times 11)$〕と計算される．すなわち，このことは，スクロースの分子をアボガドロ数である 6.02×10^{23} 個集めると，その重量は342 g となることを示す．

　アボガドロ数は大変大きな数である．それを，分子量を計算してみたスクロースの分子を具体例として，次に実際に検証してみよう．そのために，まず，スクロース 1 mg 中には何個の分子が存在するかを計算してみる．スクロースの 342 g 中にはスクロースの分子が 6.02×10^{23} 個あるということになるから，その 1 mg 中の分子数は次のように計算できる．

・スクロース 1 mg 中の分子数 $= 1/342 \times 1/1000 \times 6.02 \times 10^{23} = 1.76 \times 10^{18}$（個）

　1.76×10^{18} はまだとても大きな数である．よって，これを水泳の 25 m プールに入れて薄めた場合を考えてみる．プールの大きさを縦 25 m，横 20 m，深さを平均で 1.2 m とする．このプールの体積を cm^3 単位で計算すると次のようになる．

・$25 \times 20 \times 1.2 \times 10^6 = 6.0 \times 10^8$（$cm^3$）

　そこで，スクロース 1 mg を上記の 25 m プールに入れて均等になるように溶解し，その 1 cm^3 を採取した場合，この中にあるスクロース分子の数は次のように計算される．

$$\frac{1.76 \times 10^{18}（個）}{6.0 \times 10^8（cm^3）} = 2.9 \times 10^9（個/cm^3）= 29 億（個/cm^3）$$

　すなわち，たった 1 mg のスクロースを 25 m プールいっぱいに薄めた後でも，その 1 cm^3 中にはなんと 29 億個のスクロース分子が存在するのである．いかにアボガドロ数が大きいものかがわかっていただけると思う．

第3章
分子中に窒素を含まない有機化合物

3.0 はじめに

　第2章で説明したように，この世の中にある低分子有機化合物を，分子中に窒素を含む化合物群と含まない化合物群とに二大別すると大変わかりやすい．この章では，具体的な低分子有機化合物の説明の前半として，分子中に窒素を含まない化合物の説明をする．

　そして，これらの分子中に窒素を含まない有機化合物を，脂肪酸とポリケチド類，糖質，フェニルプロパノイド，フラボノイド，テルペノイド，およびその他に分けて説明を加える．また，それぞれの項目に関連する化合物があれば，それらに付随させて説明する．この章にあげた化合物群について理解することができれば，この世の中にある有機化合物の半分以上を理解できたことになる．

3.1 脂肪酸とポリケチド類——食用油やセッケンの正体を知る

　脂肪酸（fatty acid）が含まれる化合物群を「脂質（lipid）」と総称することがある．しかし，この脂質という言葉は，もともとは化学構造とは無関係に付けられた名称である．すなわち，動植物成分の研究に際して，エーテルやベンゼン，クロロホルムなどの非極性溶媒（水と混じることのない油性の溶媒）に溶け込んでくる物質の総称を脂質とよぶことにしたのである．そこで，この範疇には，化学構造的（あるいは化学構造的分類）には脂肪酸とはまったく異なる後述のテルペ

ノイドやステロイド類なども入ってくる．そこで，この本では脂質という有機化学的にはあいまいな言葉を使うことを避けた．

脂肪酸と関連化合物類をその生合成の機構をもとにポリケチド (polyketide) 類と総称することがある．なぜなら，これらの化合物はいずれも酢酸（CH_3COOH）やプロピオン酸（CH_3CH_2COOH）などの低分子の有機酸を基本骨格として，これらが重合して生合成されるからである．

脂肪酸は脂肪 (fat) の化学構造の一部をなしている（そのために，脂肪酸の名称が付いた）．すなわち，脂肪はグリセリンに脂肪酸がエステル結合した化合物である．脂肪は三大栄養素（炭水化物，脂肪，タンパク質）のひとつであり，ゴマ油やバターはおもに脂肪を主成分とする食物である．魚に多く含まれるエイコサペンタエン酸 (eicosapentaenoic acid；EPA) やドコサヘキサエン酸 (docosahexaenoic acid；DHA) などの名前を聞いたことのある方も多いだろうが，これらも脂肪酸類である．そして，セッケンも脂肪酸からつくられる．この節を読むことにより，脂肪酸が私たちの生活に深くかかわりあいをもっていることが理解していただけると思う．

3.1.1　飽和脂肪酸

脂肪酸は直鎖状の化合物であり，いずれも分子の末端にカルボキシ基をもつことが特徴である．そのなかでも図3.1に示すような，分子中に多重結合をもたないものを飽和脂肪酸とよぶ．これらのうち，炭素数の少ないものを低級脂肪酸，炭素数の多いものを高級脂肪酸とよぶこともある．図にあげた化合物ではおおむね，炭素数4の酪酸までは低級脂肪酸，炭素数6のカプロン酸以上の大きいものは高級脂肪酸に分類される．

脂肪酸は慣用名でよばれることが多く，その名前は原料名に由来したものも多い．これらのうち，天然にもっとも広範にしかも大量に見い出されるのは，炭素数16のパルミチン酸と18のステアリン酸である．ちなみにパルミチン酸の名前は，これがやし油 (palm oil) 由来であることから付いた．

図には，ギ酸，酢酸，プロピオン酸のほか，酪酸とパルミチン酸の化学構造式を例としてあげたが，他の化合物も同様に描くことができる．なお，これらの脂肪酸のうち，炭素数1〜6のものは常温で液体であるが，炭素数8のカプリル酸は融点が16.5℃となり，気温によっては固体となる．また，ラウリン酸以上は常

炭素数	名称	英語名	融点(℃)
1	ギ酸	formic acid	8.4
2	酢酸	acetic acid	16.7
3	プロピオン酸	propionic acid	−21.5
4	酪酸	butyric acid	−4.7
6	カプロン酸	caproic acid	−1.5
8	カプリル酸	caprylic acid	16.5
10	カプリン酸	capric acid	31.3
12	ラウリン酸	lauric acid	43.6
14	ミリスチン酸	myristic acid	58.0
16	パルミチン酸	palmitic acid	62.9
18	ステアリン酸	stearic acid	69.9

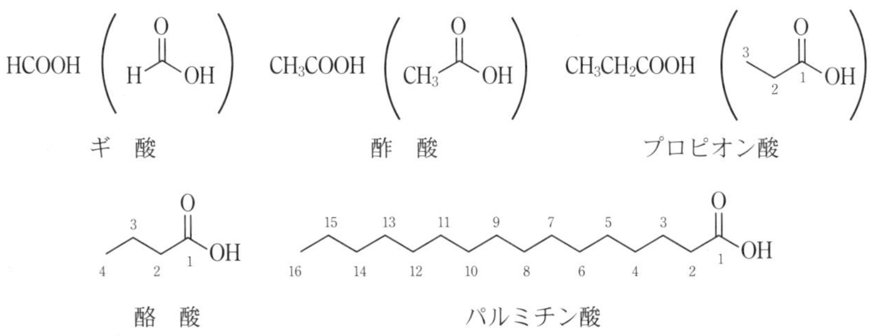

図 3.1　飽和脂肪酸の例

温では固体である．

3.1.2　不飽和脂肪酸

植物に含まれる不飽和脂肪酸中，もっとも一般的にみとめられるのは，いずれも炭素数18からなるオレイン酸（oleic acid, 18：1, ω9）とリノール酸（linoleic acid, linolic acid, 18:2, ω6,9），およびリノレン酸（linolenic acid, 18:3, ω3,6,9）の3種である．これら3種の化合物と前項で述べた炭素数16のパルミチン酸（16：0）とで，ほとんどの植物の全脂肪酸の90％をしめる．

ここで，上記の脂肪酸名のあとの括弧の中に示した記号について説明する．オレイン酸の名前の後ろにある（18：1, ω9）のうち，18：1は，炭素数18で，不飽和結合（二重結合）が1個あるという意味である．また，ω9は不飽和結合の位

置を示し,この場合,メチル基側の末端から数えて9番目の炭素部分に二重結合があることを示す.通常,炭素の位置を数えるには脂肪酸の場合,カルボキシ基(-COOH)の炭素を1番として数えるが,この場合,逆のメチル基(-CH$_3$)側から数えている.ギリシャ文字はα(アルファ)に始まりω(オメガ)に終わる.すなわち,ωは最後(末端)を示す.そのためω9は末端のメチル基から数えて9番目を示すことになるのである.

このことを応用すれば,リノレン酸における(18:3,ω3,6,9)は,炭素数18で,二重結合が3個あり,その位置はメチル基側から数えて3,6および9番目であることがわかる.さらに,飽和脂肪酸に関しても,パルミチン酸(16:0)のように示せば,これが炭素数16で,不飽和結合がないことが示され,その化学構造が容易にわかり,なかなか便利な表示法である.図3.2にオレイン酸,リノール酸,およびリノレン酸の化学構造を示す.二重結合部分はいずれも *cis*(*Z*)配置である.リノレン酸については二重結合の配置も一目瞭然にわかるような方法でも示した.

ミツバチのいわゆるロイヤルゼリー(royal jelly)にはロイヤルゼリー酸(royal

$$CH_3-(CH_2)_7-\overset{cis}{CH=CH}-(CH_2)_7-COOH$$
オレイン酸 (18:1, ω9)

$$CH_3-(CH_2)_4-\overset{cis}{CH=CH}-CH_2\overset{cis}{CH=CH}-(CH_2)_7-COOH$$
リノール酸 (18:2, ω6,9)

$$CH_3-CH_2-\overset{cis}{CH=CH}-CH_2\overset{cis}{CH=CH}-CH_2\overset{cis}{CH=CH}(CH_2)_7-COOH$$
リノレン酸 (18:3, ω3,6,9)

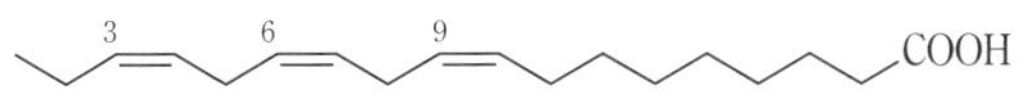

リノレン酸 (18:3, ω3,6,9)

HO―…10…―…2…―COOH
ロイヤルゼリー酸

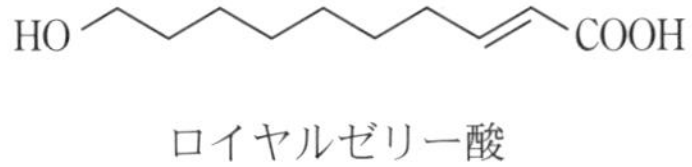

図3.2 不飽和脂肪酸の例

jelly acid, *trans*-10-hydroxy-Δ^2-decenoic acid) が10％ほど含まれている．この化合物も脂肪酸の一種である．なお，この化合物においては一般の化合物と同様にカルボキシ基の炭素を1番として番号が振ってある．

3.1.3　アラキドン酸とプロスタグランジン

プロスタグランジン類（prostaglandins）は，ヒトの精液やヒツジの前立腺（prostate gland）などから分離される炭素数20の脂溶性酸性物質であり，PGと略される．PGはその後，肺，脳，胸腺などから20種以上分離されており，平滑筋を収縮させる活性が知られている．PGの前駆体は炭素数20のアラキドン酸（arachidonic acid，20：4，ω6, 9, 12, 15）である（図3.3）．

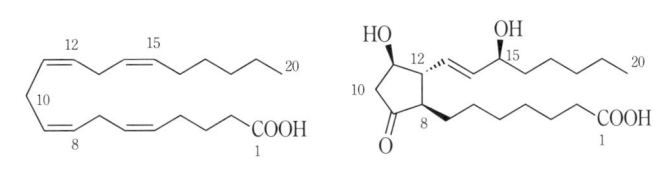

図3.3　アラキドン酸とプロスタグランジン E_1 の構造

3.1.4　2-ノネナール

最近，いわゆる「おじさん臭」の原因物質が明らかとなってきた．その原因物質は2-ノネナール（2-nonenal）という化学物質で，この化合物は脂肪酸の一種

図3.4　2-ノネナールの生成

であるパルミトレイン酸（palmitoleic acid, 16 : 1, ω7）から生成される.

パルミトレイン酸は20〜30歳代の人にはほとんど検出されないが，加齢に伴い皮脂中において増加することがわかった．これが皮膚上の微生物で分解されると，揮発性アルデヒドの2-ノネナールとなる（図3.4）．なお，2-ノネナールは広く天然に存在し，ビールやコーヒー，キュウリ，スイカの香り成分の一部にもなっている．また，ゴキブリが嫌う化合物でもあるという．

3.1.5 EPA と DHA

近年，健康に良いと注目されているエイコサペンタエン酸（eicosapentaenoic acid；EPA, 20 : 5, ω3, 6, 9, 12, 15）やドコサヘキサエン酸（docosahexaenoic acid；DHA, 22 : 6, ω3, 6, 9, 12, 15, 18）はいずれも魚油から得られる．前者は炭素20個，後者は炭素22個からなる不飽和脂肪酸で，分子中に，前者は5つ（ペンタ），後者は6つ（ヘキサ）のいずれも *cis*（Z）配置の不飽和結合（エン）が存在する化合物である．図3.5に化学構造式を示す．それぞれの化学構造式中に示した数字のうち，括弧内に示した数字はカルボキシ基の炭素を1番として番号を振った場合の炭素の番号を表す．

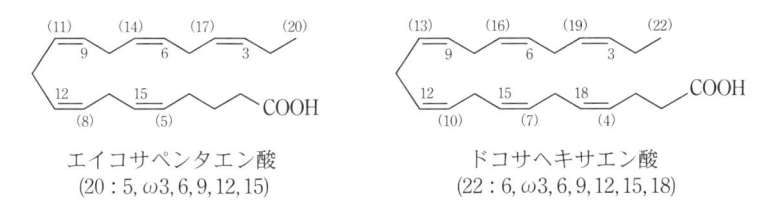

図3.5 エイコサペンタエン酸とドコサヘキサエン酸

3.1.6 グリセリドとセッケン

グリセリド〔またはグリセライド（glyceride）〕とは，グリセリン（glycerin）〔またはグリセロール（glycerol）〕に脂肪酸がエステル結合した化合物の総称である．グリセリドの大部分はグリセロールに脂肪酸3分子がエステル結合したトリグリセリド（triglyceride）である．しかし，グリセリンに脂肪酸1分子がエステル結合したモノグリセリド（monoglyceride）や，グリセリンに脂肪酸2分子がエステル結合したジグリセリド（diglyceride）も存在する．

グリセリドを水酸化ナトリウム（カセイソーダ）のようなアルカリで加水分解する（これをけん化という）と，脂肪酸の金属塩（水酸化ナトリウムを使った際にはナトリウム塩）が生成する．この脂肪酸の金属塩を集めたものがセッケン（soap）である（図 3.6）．

$$
\begin{array}{c}
CH_2OCOR \\
| \\
CHOCOR' \\
| \\
CH_2OCOR''
\end{array}
\xrightarrow[けん化]{3 \times NaOH}
\begin{array}{c}
CH_2OH \\
| \\
CHOH \\
| \\
CH_2OH
\end{array}
+
\begin{array}{c}
RCOO^-Na^+ \\
R'COO^-Na^+ \\
R''COO^-Na^+
\end{array}
$$

トリグリセリド　　　　　　　　　　グリセロール　　　　　セッケン
　　　　　　　　　　　　　　　　　（グリセリン）

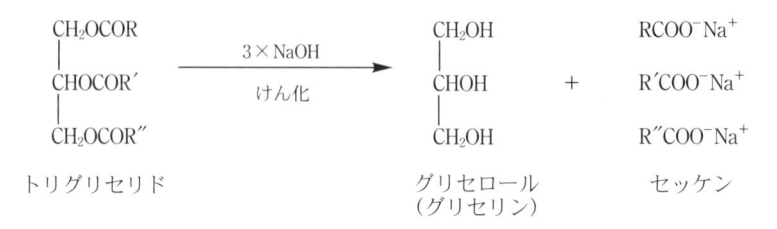

図 3.6　セッケンの製法

　セッケンを透明にするために，ある種のアルコールを加えたり，種々の目的で香料や染料，殺菌料が加えられたりすることもある．また，水酸化ナトリウムの代わりに水酸化カリウムを使用してカリウム塩としたセッケン（軟セッケン，soft soap）もある．しかし，セッケンのはたらきとしてはいずれも同じである．
　セッケンは水の中でミセルという状態で存在する．すなわち，脂肪酸の金属塩分子のうち，水に親和性の高い $-COONa$ の部分は外側に並び，内側には脂肪酸の残基（残りの部分）が集まる状態となる．すなわち，外側は親水性，内側は疎水性となる．図 3.7 には，ステアリン酸ナトリウムの例を示してあるが，側鎖部分は脂肪酸の種類によって異なる．
　この状態のセッケンのミセルが，よごれの原因である油性のものと遭遇すると，セッケンの疎水性の部分を内側としてこのよごれを取り囲む．この場合でも，外側が親水性となるため，本来，水に親和性のなかった油性のよごれ原因物質が水に溶けだし，洗浄が可能となるのである．
　なお，上記のように調製されたセッケンは水酸化ナトリウムが強アルカリであるのに対し，脂肪酸（カルボン酸）が弱酸であるため，全体としてアルカリ性に片寄っている．また，温泉や海水などカルシウム塩やマグネシウム塩を含むいわゆる硬水でセッケンを使おうとすると，セッケンがこれらの金属塩と反応して，そのカルボン酸の金属塩部分がカルシウム塩やマグネシウム塩となる．そして，これらのカルボン酸のカルシウムやマグネシウム塩は水に不溶性であることから，

疎水性部位　親水性部位

ステアリン酸ナトリウム

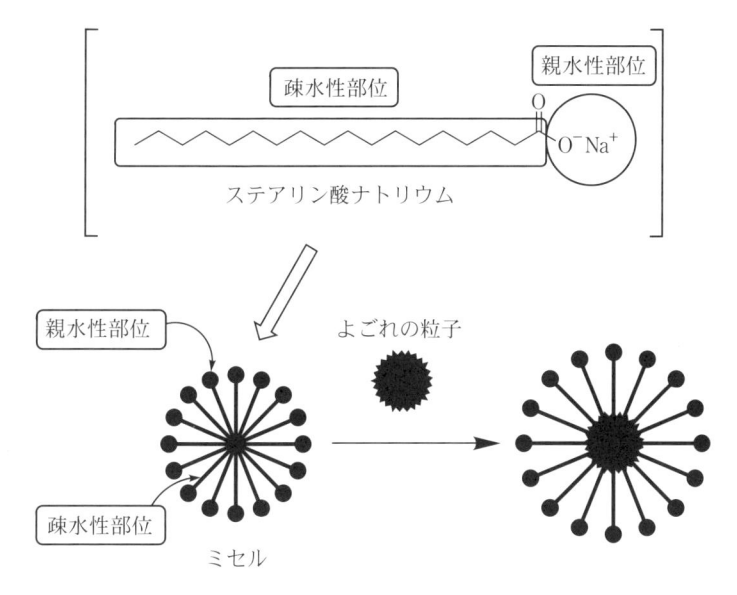

親水性部位
よごれの粒子
疎水性部位
ミセル

図 3.7　セッケンのしくみ

セッケンの役を果たさなくなる．これが，海水や一部の温泉などにおいてセッケンが使えない理由である．

3.1.7　グリセリンとニトログリセリン

前項で述べたグリセリンにニトロ化（nitration）という化学変化を加えると，ニトログリセリン（nitroglycerin）という化合物になる．この化合物の合成は1847年に報告されている．ご存知のように，この化合物は爆薬として使われる．

ニトログリセリンは爆発しやすく，そのままでは取扱いが危険なので，これ（75％）にけいそう土（24.5％）と炭酸ナトリウム（0.5％）を加えて扱いやすくしたものがダイナマイト（dynamite）である．ノーベル（A. Nobel，1833〜1896）

$$\begin{array}{c} CH_2OH \\ | \\ CHOH \\ | \\ CH_2OH \end{array} \xrightarrow[\text{ニトロ化}]{HNO_3} \begin{array}{c} CH_2ONO_2 \\ | \\ CHONO_2 \\ | \\ CH_2ONO_2 \end{array}$$

グリセリン　　　　　　　　　ニトログリセリン

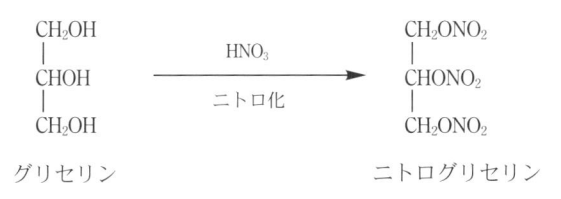

図 3.8　ニトログリセリンの製法

はこの発明によりばく大な財産を手にした．しかし，一方，この爆薬の発明はノーベルの意図に反し，戦争にも多用されることになった．この現実を残念に思ったノーベルは，その財産をもとに卓越した業績をあげた科学者に賞金を伴う賞を与えるように遺言を残した．これがノーベル賞の発祥となる．

なお，第2章では，やはり爆薬として使われるTNT（2,4,6-トリニトロトルエン）とピクリン酸（2,4,6-トリニトロフェノール）について言及した．これらは，それぞれ，トルエンとフェノールをニトロ化した化合物であった．

3.1.8 合成洗剤

前述のように，セッケンの特徴は1つの分子内に疎水性の部分と親水性の部分が存在することである．セッケンと同じように一つの分子内に疎水性の部分と親水性の部分が存在するような化合物を化学的に合成したものを合成洗剤という．

このような化合物には種々のものがあるが，その例として，ラウリル硫酸ナトリウム（sodium lauryl sulfate）をあげる．この化合物においては，疎水性の部分は天然のグリセリドから調製したセッケンと似ているが，親水性の部分は，カルボン酸より強い酸であるスルホン酸（-OSO$_3$H）のナトリウム塩となっている．そのため，この化合物の水溶液は中性なので，羊毛や絹も洗うことができる．また，カルシウム塩やマグネシウム塩を含む硬水を使っても，これらと反応して不溶性の沈殿をつくることがないので，洗浄力は変わらない．

ラウリル硫酸ナトリウムの原料はラウリルアルコール〔lauryl alcohol または1-ドデカノール（1-dodecanol）〕であるが，このラウリルアルコールは天然から得られるラウリン酸から調製される（図3.9）．

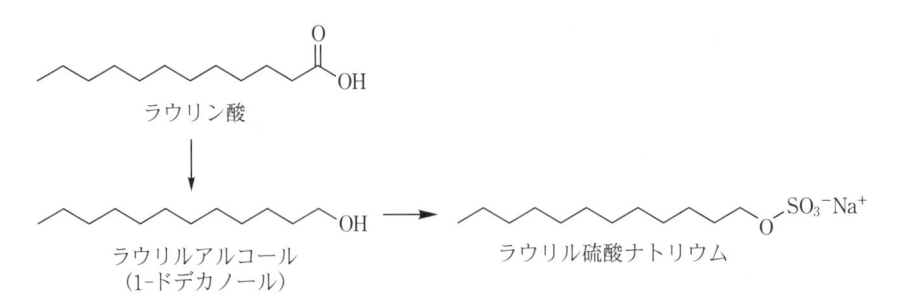

図3.9 合成洗剤の製造例

3.1.9 ドクゼリとチクトキシン

セリ科のドクゼリ（*Cicuta virosa*）は宿根草で，沼や小川のそばに生える．全草に有毒成分を含み，そのうちいくつかの成分が単離されている．そのなかで，とくに毒性の強いものの一つとしてチクトキシン（cicutoxin）がある．この化合物は炭素数 17 と，脂肪酸類似物質のなかでは例外的に奇数となっている．また，分子中に二重結合 3 個と三重結合 2 個を有する．詳しい生合成に関する実験研究の報告は見当たらないが，これもポリケチド生合成経路由来の有機化合物と推定される．なお，図 3.10 において，E は Entgegen の略である（2.5.1 項参照）．

$$CH_3(CH_2)_2\text{-}CH(OH)\text{-}CH\overset{E}{=}CH\text{-}CH\overset{E}{=}CH\text{-}CH\overset{E}{=}CH\text{-}C\equiv C\text{-}C\equiv C\text{-}(CH_2)_3OH$$

チクトキシン

図 3.10 ドクゼリの有毒成分

3.1.10 ジャコウとムスコン

麝香（musk）とはジャコウジカから得られる香料である．このものからは，香気を有する成分としてムスコン（muscone，3-メチルシクロペンタデカノン）が得られている（図 3.11）．これは 15 員環をなし，16 個の炭素からなる化合物である．この化合物もポリケチド生合成経路由来の有機化合物と考えられる．

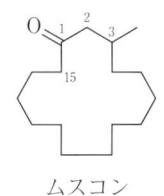

図 3.11 麝香の芳香成分

3.2 糖質――まずはグルコースを理解する

糖質（saccharide）とは，炭水化物（carbohydrate）ともよばれる化合物群の総称である．糖質（炭水化物）は，タンパク質や脂肪とともに三大栄養素の一つである．

糖質は動植物界に広く分布し，一般に水素と酸素の比率が 2:1，すなわち，水に該当するようになっている．よって，一般的な糖質の分子式は $C_x(H_2O)_y$ で表され，あたかも炭素と水とが化合したようになっている．炭水化物（あるいは含水炭素）の名称はこのことを語源とする．たとえば，このグループに属する化合物の代表として，グルコース（glucose）やスクロース（sucrose）があるが，前者の

分子式は$C_6H_{12}O_6$，後者の分子式は$C_{12}H_{22}O_{11}$である．分子式をみると，前者は炭素6個に水（H_2O）6分子が，また，後者は炭素12個に水11分子が結合した形の分子式をもっている．

ただし，この仲間に属する化合物のなかにも，グルクロン酸（D-glucuronic acid, $C_6H_{10}O_7$）やビタミンC（vitamin C, $C_6H_8O_6$）のように「炭水化物」の形をもっていないものも存在する．その一方で，酢酸（acetic acid, $C_2H_4O_2$）や乳酸（lactic acid, $C_3H_6O_3$）のように，炭水化物様の組成を有しながらも，炭水化物ではない有機化合物も存在する．したがって，近年は，炭水化物という言葉の代わりに糖質という言葉を使用することが多い．よって，以下，本書でも炭水化物ではなく，糖質という言葉を使用することにする．

糖質は，大きく，単糖（monosaccharide）類，オリゴ糖（oligosaccharide）類，および多糖（polysaccharide）類の3つに分類することができるので，この節では，これらについて，順次述べていく．

糖質はエネルギー源として，また，とくに多糖類はデンプン（starch）やグリコーゲン（glycogen）として，それぞれ植物や動物のエネルギー貯蔵の役割を果たしている．さらに，植物においてはセルロース（cellulose），エビやカニなどの動物においてもキチン（chitin）として，殻の成分として構造組織体の大部分をしめている．そればかりではない．単糖類のデオキシリボース（deoxyribose）やリボース（ribose）は遺伝に関連するDNAやRNAの構成成分となっている．

糖質は植物により二酸化炭素と水から光合成によって生合成される（炭酸同化作用）が，動物はこの機能をもたないので，糖質を植物から得ることになる．

なお，糖の中には甘味を呈するものがあるが，甘味とは，塩味（鹹味），酸味，苦味，うま味とともに五味（うま味を除いて四味とされることもある）の一つとなっている．甘味を代表する化合物は糖質であり，塩味を代表するものは食塩のようなミネラル，酸味は発酵や腐敗により産生する化合物，苦味はアルカロイドのような含窒素化合物が代表的である．さらに，うま味はアミノ酸やプリン配糖体（後述）が代表的である．

3.2.1 単　糖　類

代表的な単糖類の一成分として，D-グルコースを例にとって説明しよう．

D-グルコースはハチミツや果汁中に遊離状態で存在するほか，二糖類であるス

クロースやマルトース（maltose, 麦芽糖），多糖類であるセルロースやデンプンの構成成分ともなっている．よって，D-グルコースはこれらの化合物の加水分解によっても得ることができる．

　単糖類の化学構造を示すのに便利な方法としてフィッシャーの投影式（Fischer projection formula）が用いられる．この記載方法では，左右にのびた結合は紙面の手前に向かっているという約束になっている．図3.12 (a) 中央の右側に結合の手をその方向をはっきりと示すために楔形として描いたが，とくに楔形で示さず，左側のように描いてよいことになっている．D-グルコースは通常，環を巻いた状態で存在するが，図の中央に環を巻かない状態も示す．

　フィッシャーの投影式において，開環した状態のアルデヒド基からもっとも遠くにある不斉炭素原子（この場合 C_5 位）に結合しているヒドロキシ基が右にある場合を D 系，逆の場合を L 系とよぶことになっている（2.5.5 項）．

　D-グルコースは，通常，1位のアルデヒド部分と C_5 位に結合したヒドロキシ

(a) フィッシャーの投影式（Fischer projection formula）

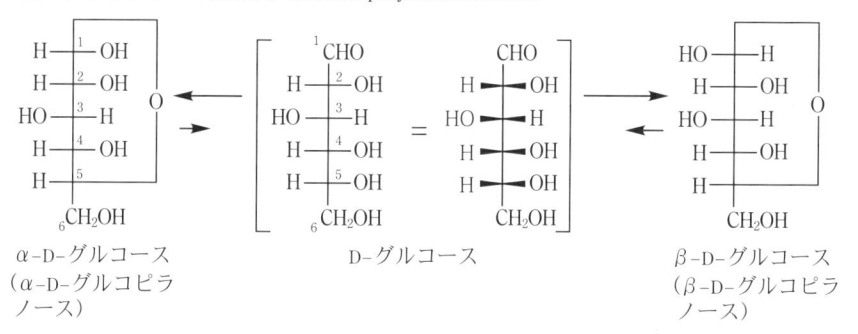

α-D-グルコース
（α-D-グルコピラノース）

D-グルコース

β-D-グルコース
（β-D-グルコピラノース）

(b) ミルズ式（Mills formula）

α-D-グルコース
（α-D-グルコピラノース）

β-D-グルコース
（β-D-グルコピラノース）

(c) ハワース式（Haworth formula）

α-D-グルコース
（α-D-グルコピラノース）

β-D-グルコース
（β-D-グルコピラノース）

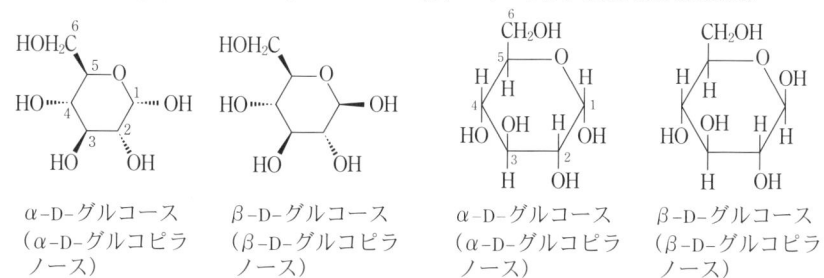

図3.12　グルコースの化学構造式の各種表示法

基との間で環を巻いた状態で存在する．その結果，C_1 位に不斉炭素が新生することになるが，この不斉炭素をとくにアノメリック (anomeric) 炭素という．この不斉炭素が新生することで，2種の立体異性体が考えられ，これらを図 3.12 (a) の左右に示す．これらの化合物中，D 系列の単糖類ではアノメリック

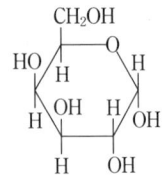

図 3.13 α-D-ガラクトース（α-D-ガラクトピラノース）の化学構造

炭素（C_1 位）のヒドロキシ基が右側にあるものを α-，また，左側にあるものを β-アノマー (anomer) と称し，L 系列ではこの反対となる．したがって，図に示した左側の化合物を α-D-グルコース，右側に示した化合物を β-D-グルコースとよぶことになる．また，これら，環を巻いて 6 員環となった状態の α-D-グルコースを，6 員環のピラン (pyran) 環にちなみ，とくに α-D-グルコピラノース（α-D-glucopyranose），同じ状態の α-D-ガラクトースを α-D-ガラクトピラノース（α-D-galactopyranose）とよぶこともある（図 3.13）．

　D-グルコースを水溶液とし，50℃ 以下で結晶を析出させると，その水溶液が ＋113° の比旋光度を示すものが得られ，これは α-D-グルコースを主とする．一方，これに対して，結晶を 95℃ 以上で析出させると，その水溶液が ＋19° の旋光度を示すものが得られる．こちらは β-D-グルコースを主としたものである．ところが，いずれの D-グルコースも，水溶液として室温に放置すると，その比旋光度は ＋52.5° となって安定する．これは，α- および β- の 2 種の異性体が水溶液中で開環したアルデヒド型の中間体を経由して異性化し，混合物として平衡に達するためである．この異性化の様子を図 3.12 (a) 中に矢印で示した．実際にはアルデヒド型の直鎖構造をとっている割合はきわめて小さいので，直鎖構造へ向かう矢印は短くしてある．

　単糖類の化学構造の示し方には，上述のフィッシャーの投影式のほか，ミルズ式 (Mills formula) やハワース式 (Haworth formula) がある．これらの方法で表した α- および β-D-グルコースの化学構造式を図 3.12 (b)，(c) に示す．

　一方，他の一般の化合物と同様に実際の原子の位置関係をより現実に近い方法で記述する方法もある．この記載方法によれば，β-D-グルコースが椅子形 (chair form) となった場合，さらに 2 通りの立体（立体配座）のあることがわかる．すなわち，この 2 通りの立体では，ヒドロキシ基がすべてアキシアル (axial) に

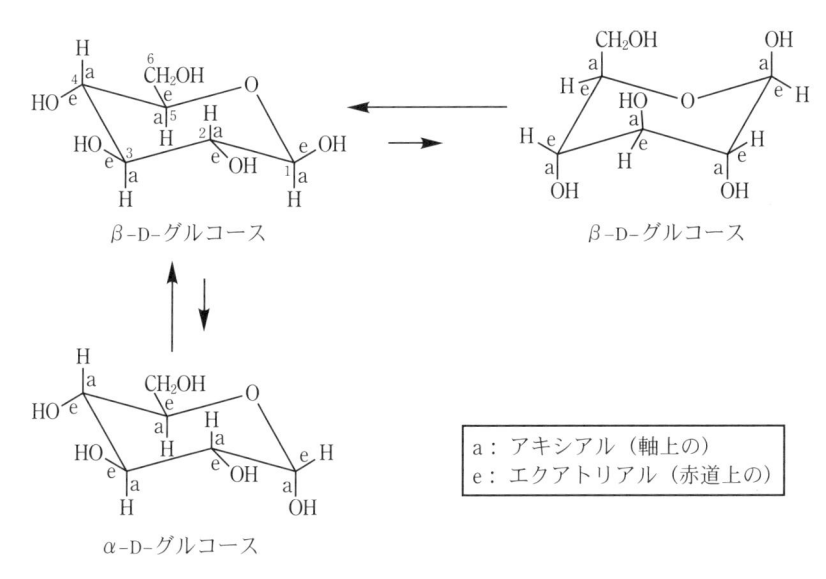

図 3.14　グルコースの立体配座

なる形と，これらがエクアトリアル（equatorial）になる形がある（図3.14）．立体的に大きな空間をしめるヒドロキシ基などがアキシアルになるとお互いの基が大変近くなる．よって，これらの2つの形では，後者の形，すなわち，多くのヒドロキシ基がエクアトリアルになるほうが，大きな基がそれぞれ離れて存在することになるので安定である．アキシアルとは「軸上の」，また，エクアトリアルとは「赤道の」という意味で，それぞれ，単糖の化学構造を地球にたとえた場合の結合の方向を示す．

図 3.15　フルクトースの化学構造

D-フルクトース（D-fructose）は末端がアルデヒド基となっておらず，カルボニル基はケトンの状態になっている．そこで，この糖が環状になると，5員環となることから，その基本骨格であるフラン（furan）にちなんで，このような単糖をフラノース（furanose）という．よって，α-D-フラノースは詳しくは，α-D-フルクトフラノース（α-D-fructofuranose）とよばれる（図3.15）．そして，D-フルクトース（D-fructose）のようにC_2位がカルボニル基（ケトン）となっている単糖類をケトース（ketose）と総称することもある．これに対して，前出のD-グルコースのように，C_1位がアルデヒドとなっているものをアルドース（aldose）という．

3.2.2 配 糖 体

糖類がアノメリック炭素部分で他の有機化合物に結合している状態の化合物を配糖体という．そして，たとえばD-グルコースが配糖体として結合する場合には，αとβの2種類の結合の仕方がある．

もっとも簡単な配糖体の例として，ヒドロキノン（hydroquinone）にD-グルコースがβ結合した化合物の化学構造を図3.16に示す．この化合物をアルブチン（arbutin）というが，アルブチンはツツジ科のコケモモ（*Vaccinium vitis-idaea* var. *minus*）の果実などに含まれる成分で，いわゆる美白効果があるといわれている．前述のアスピリン創薬の際のリード化合物（医薬品となる化合物の源泉となった化合物）となったサリシン（salicin）もアルブチンと同様，フェノール配糖体

アルブチン　　　サリシン

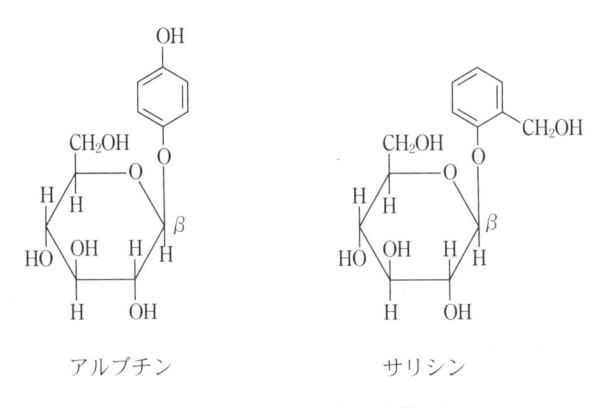

図 3.16 フェノール配糖体の例

の例である（図3.16）．さらに，後述する（3.4.3項）カキノキ科のカキ（*Diospyros kaki*）の葉に含まれる血圧下降成分であるアストラガリン（astragalin）やイソケルシトリン（isoquercitrin）もD-グルコースがβ結合した配糖体である．

特異的な配糖体の例として，強心配糖体がある．これらはステロイドの項（3.5.5項）で述べる．

配糖体をグリコシド（glycoside）といい，配糖体結合をグリコシド結合ということがある．また，とくに，グルコースが配糖体結合したものをグルコシド（glucoside）ということがある．

3.2.3 アミノ糖

単糖類のヒドロキシ基の一部がアミノ基に置き換えられたものをアミノ糖という．その代表的なものにグルコサミン（glucosamine）がある．この化合物はグルコースの2位のヒドロキシ基がアミノ基に置換したもので，2-アミノ-2-デオキシグルコース（2-amino-2-deoxyglucose）ともいう（図3.17）．

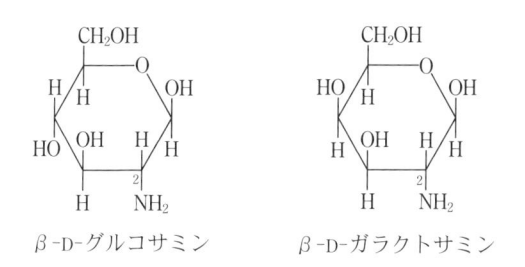

β-D-グルコサミン　　　β-D-ガラクトサミン

図 3.17　アミノ糖の例

その他のアミノ糖の例として，軟骨の特徴的な多糖類であるコンドロイチン硫酸などの構成糖のガラクトサミン（galactosamine＝2-amino-2-deoxygalactose）がある．また，抗生物質のカナマイシン（kanamycin）やストレプトマイシン（streptomycin）にも構成糖としてアミノ糖が含まれている（図3.18）．

抗生物質として最初に発見されたペニシリンはアオカビ由来のものであったが，その後，抗生物質の多くは放線菌類，とくに *Streptomyces* 属から各種のものが得られ，今日に至っている．その中でも1944年にワクスマン（S. A. Waksman, 1888～1973）らによって発見されたストレプトマイシンは結核菌に奏効すること

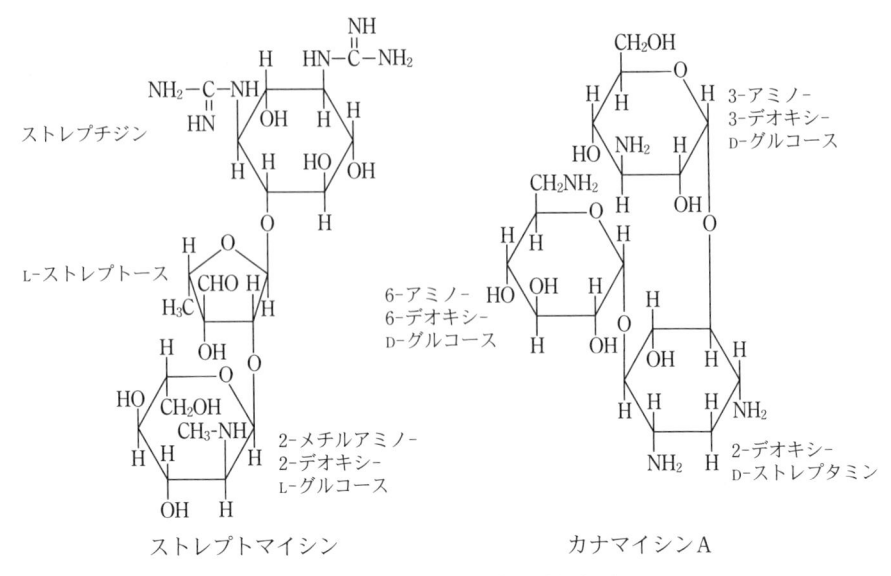

図 3.18 アミノ糖関連抗生物質の例

から，その後の化学療法に大きな変革をもたらした．

ストレプトマイシンは，L-グルコースの2位のヒドロキシ基の代わりにメチル化されたアミノ基が結合した単糖，ストレプトース（streptose），およびアミノシクリトール（aminocyclitol）の一種であるストレプチジン（streptidine）の3つの部分からなる．

一方，日本の梅沢浜夫（1914～1986）らによって1957年に発表されたカナマイシンは，アミノシクリトール誘導体である2-デオキシ-D-ストレプタミン（2-deoxy-D-streptamine）に2種類のアミノ糖，すなわち，3位のヒドロキシ基がアミノ基に変換されたものと6位のヒドロキシ基がアミノ基に変換されたものがそれぞれ結合した化学構造を有している．

3.2.4 五炭糖

以上述べてきた糖は六炭糖といい，6つの炭素から構成される糖類であるが，単糖類のなかには，5つの炭素から構成されるものもあり，これらを五炭糖という．これらの中には，リボ核酸（RNA）やデオキシリボ核酸（DNA）の構成糖となっているD-リボース（D-ribose）やD-2-デオキシリボース（D-2-deoxyribose）などがある．D-リボースは5員環を形成していることから，別名をD-リボフラノースともいう．

図3.19に，ヌクレオシド（塩基と糖とがN-グリコシド結合をしたもの）の例として，D-リボースがグアニン（guanine）に結合してグアノシン（guanosine）となった状態，アデニン（adenine）に結合してアデノシン（adenosine）となった状態を示す．また，ヌクレオチド（ヌクレオシドの糖部分がリン酸エステルになっているもの）の例として，イノシン酸（inosinic acid）の化学構造中にD-リボースが組み込まれている状態も示す．イノシン酸は，かつお節のうま味成分であり，調味料としても利用されている．

β-D-リボース
（β-D-リボフラノース）

グアノシン　　　アデノシン　　　イノシン酸

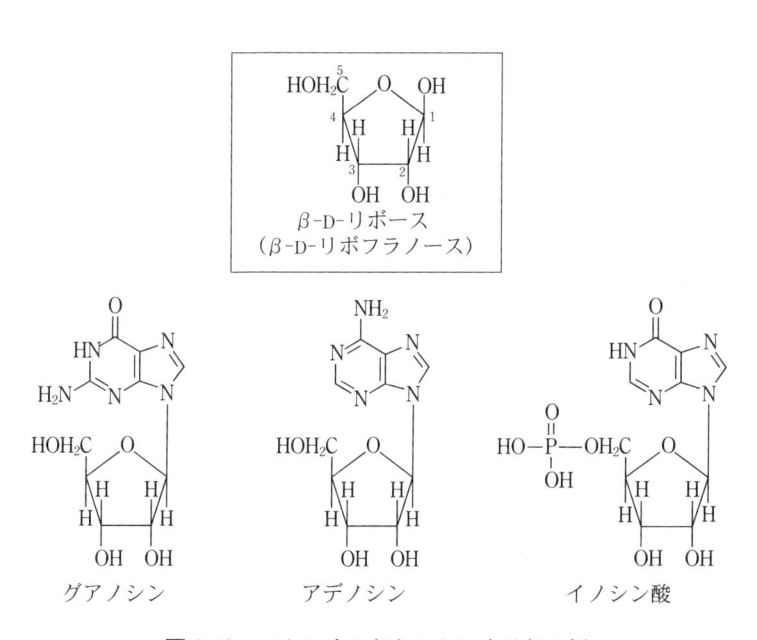

図 3.19　ヌクレオシドとヌクレオチドの例

3.2.5　単糖類類縁物質

単糖類の類縁物質としては，D-マンニトール（D-mannitol）やビタミンC，シキミ酸（shikimic acid），キシリトール（xylitol）などがあげられる（図3.20）．

D-マンニトールは直鎖状の糖アルコール（sugar alcohol）で，植物界に広く分布する．これは，D-フルクトースの2位が還元された形をしている．

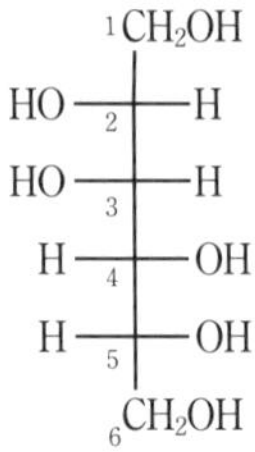

D-マンニトール

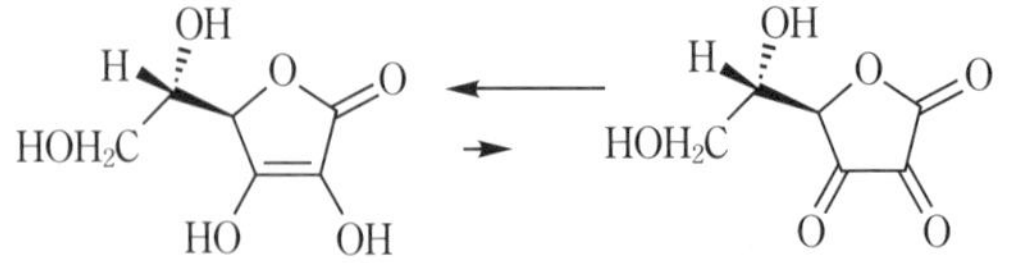

ビタミンC（L-アスコルビン酸）

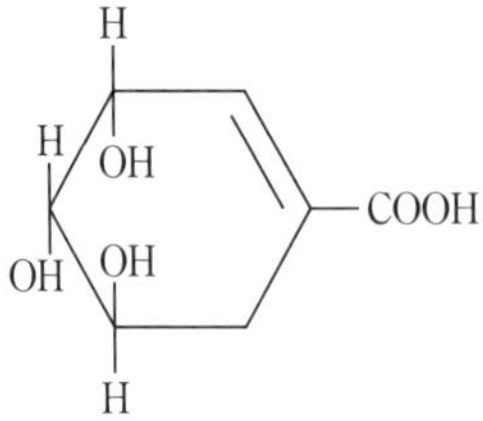

シキミ酸

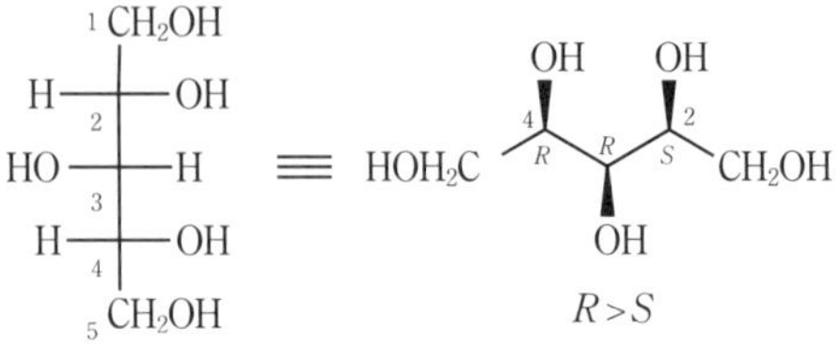

キシリトール

図 3.20　そのほかの糖関連化合物の例

また，ビタミンCはL-アスコルビン酸（L-ascorbic acid）ともいい，抗壊血病作用がある．天然に広く分布し，とくに，柑橘類や松柏類の針葉などに多く含まれている．非常に還元性が高く，容易に酸化されて脱水素体となる．ヒトを除くほとんどの動物や高等植物は生体内でビタミンCを合成することができるが，ヒトはこの化合物を合成できないため，ビタミンCが不足すると壊血病をひき起こしてしまうのである．

一方，シキミ酸はシキミ科のシキミ（*Illicium religiosum* または *I. anisatum*）の果実から単離されたのでこの名がある．その単離は19世紀末のことであった．シキミ酸はアミノ酸のフェニルアラニン（phenylalanine），チロシン（tyrosine）およびトリプトファン（tryptophan）の生合成前駆体である．また，リグニン（lignin）などの各種芳香族系化合物の生合成前駆体ともなっており，非常に重要な物質である．

近年，虫歯予防効果もあるということから名前をよく聞くキシリトールの化学名は *xylo*-ペンタン-1,2,3,4,5-ペントール（*xylo*-pentane-1,2,3,4,5-pentol）であり，ショ糖と同程度の甘味がある．キシリトールには3つの不斉炭素があり，その各炭素の絶対配置は図3.20に示したとおりである．2位と4位の炭素がそれ

それ S および R 配置であることは，2.5.3 項で説明した方法で決定できる．ところが，3 位については原子の大小の比較だけでは左右対称となり，順位をつけられない．しかし，$R>S$ というルールがあることから，3 位の絶対配置は R と決定できるのである．

なお，分子中に複数のヒドロキシ基をもつ有機化合物は一般に甘味があるという．たとえば，先に述べたエチレングリコールやジエチレングリコール，グリセリン（グリセロール）などには甘味があることが知られている．

3.2.6 オリゴ糖類

単糖が 2 〜 10 個程度まで互いに結合したものをオリゴ糖（oligosaccharide）という．オリゴ（oligo）とは，ギリシャ語で「わずか」の意味である（図 3.21）．

私たちにもっともなじみ深いオリゴ糖はスクロース（ショ糖，いわゆる砂糖）であろう．ショ糖は世界でもっとも大量に純粋に単離される天然有機化合物ということができる．この化合物はイネ科のサトウキビ（*Saccharum officinarum*）やアカザ科のサトウヂシャ（サトウダイコンまたは甜菜，*Beta vulgaris* var. *rapa*）から得られる．スクロースは D-グルコースと D-フルクトースが 1 分子ずつ結合した化合物であり，化学名は α-D-glucopyranosyl-β-D-fructofuranoside または β-D-fructofuranosyl-α-D-glucopyranoside という．スクロースを希酸または酵素によって加水分解することを転化（inversion）といい，転化によって得られる D-グルコースと D-フルクトースの等量混合物を転化糖（invert sugar）という．

一方，ラクトース（lactose，乳糖）はスクロースとともに，天然に多量に存在する二糖類である．ラクトースは D-ガラクトースの 1 位と D-グルコースの 4 位が β 結合したもので，この結合様式を「(β, 1 → 4 結合)」と示す．ラクトースは，人乳中に 5 〜 8％，牛乳中に 4 〜 6％含まれており，哺乳動物の乳のみに見い出されるものである．ラクトースは，4-*O*-β-D-galactopyranosyl-D-glucopyranose と記載することもできる．D-グルコース側の 1 位は α 配置も β 配置もとれる．

マルトース（maltose，麦芽糖）は天然にはごくわずかしか存在しないが，天然に大量に存在するデンプン中のアミロース（amylose）の反復単位〔くり返し単位（repeating unit）〕であり，デンプンを β-アミラーゼ（β-amylase）で加水分解することによって効率よく得られる．また，マルトースはオオムギを発芽させた麦芽に含まれ，麦芽はビールの発酵や水飴の製造に用いられる．マルトースは D-

《二糖類》

スクロース（ショ糖）　　　　　　　　ラクトース（乳糖）

マルトース（麦芽糖）　　　　　　　　セロビオース

《三糖類》

ラフィノース

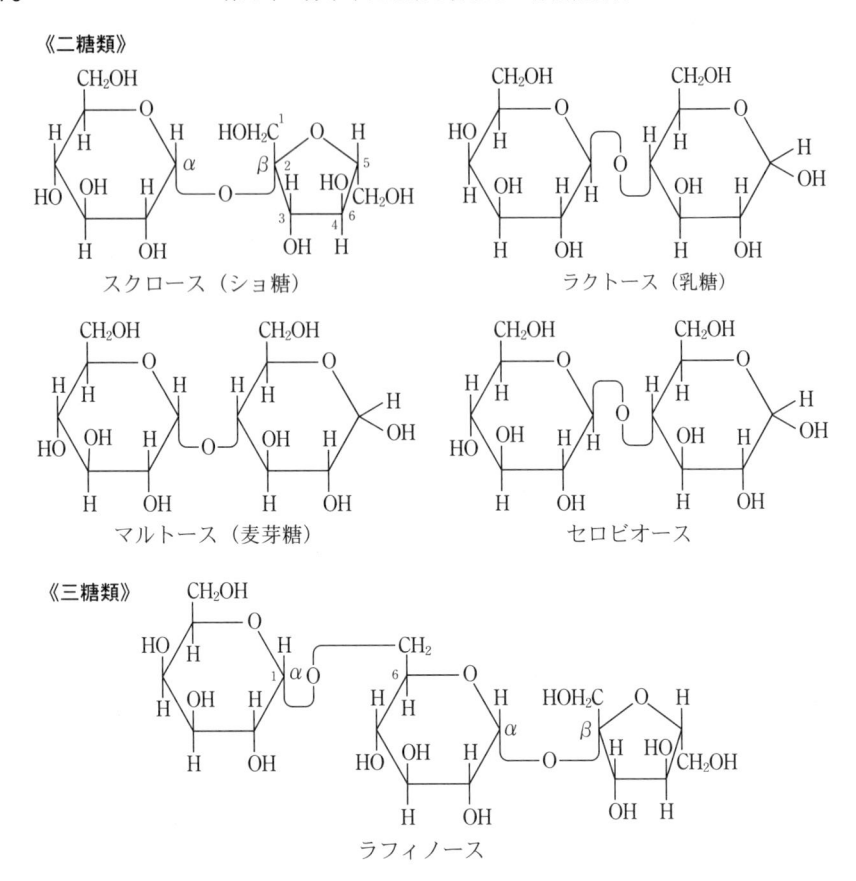

図 3.21　二糖類，三糖類の例

　グルコース2分子が（α, 1→4 結合）した化学構造を有しており，マルトースを希酸またはマルターゼ（maltase）で加水分解すると D-グルコースが生じる．

　セロビオース（cellobiose）はセルロース（cellulose）の反復単位となっている化合物である．セロビオースもマルトースと同様に D-グルコースが2分子結合した化合物である．しかし，セロビオースはマルトースとは D-グルコースの結合の仕方が異なる．すなわち，マルトースにおいては2分子の D-グルコースが（α, 1→4 結合）しているのに対して，セロビオースにおいてはその結合様式が（β, 1→4 結合）となっている．

　ラフィノースは三糖類としてもっとも一般的な化合物であり，植物界における

オリゴ糖としてはスクロースに次いで多く存在する．この化合物はサトウヂシャからスクロースを結晶化して採取したあとの母液に存在する．化学構造はショ糖のD-グルコース部にD-ガラクトースが（α,1→6結合）した形となっている．

3.3　フェニルプロパノイド──ニッキ飴や桜餅の香りの正体は

　ベンゼン環に炭素3個が結合した基本骨格を有する有機化合物をフェニルプロパノイドという．この項に属する天然有機化合物のベンゼン環の起源はシキミ酸（3.2.5項）である．すなわち，この項に述べる化合物の大部分は，シキミ酸を起源として生じるアミノ酸のフェニルアラニンが前駆物質となっている．なお，プロパノイドは炭素3個からなるプロパンから派生した言葉である．

　この節を通読していただければわかるが，この範疇にはいる化合物には，コーヒーの成分や，身近な香りの成分になっているものもあり，私たちの生活に密接にかかわりをもっている．フェニルプロパノイドは次節で述べるフラボノイドを構成する生合成前駆体の一部にもなっている．

3.3.1　フェニルプロパノイドの生合成

　3.2.5項で述べたシキミ酸は，フェニルプロパノイド生合成の前駆物質となっている．すなわち，シキミ酸は前述のようにシキミ科のシキミの成分である

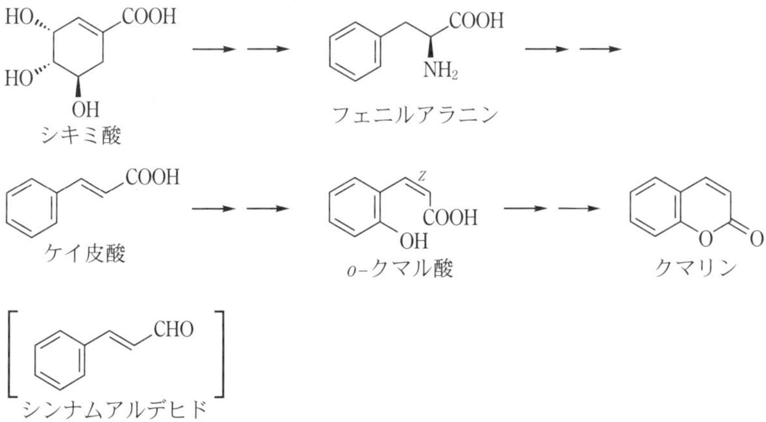

図3.22　クマリンの生合成経路

が，三大生合成経路（ポリケチド経路，シキミ酸経路，テルペノイド経路）の一つであるシキミ酸経路の重要な生合成前駆体となっているのである．

　シキミ酸が何段階かの生合成ステップを経てアミノ酸のフェニルアラニンになり，フェニルアラニンがまた何段階かの生合成ステップを経てケイ皮酸（cinnamic acid）になる．ケイ皮酸のオルト位に酸素が入ったものを o-クマル酸というが，生合成過程で一時的にこの二重結合がシス体（cis 体 / Z 体）になったものが環を巻くと，クマリン（coumarin）になる（図3.22）．クマリンもフェニルプロパノイドを基本骨格としていることを理解していただけると思う．クマリンは桜餅の香ばしい香りの主成分であり，バラ科のオオシマザクラ（Prunus donarium var. spontanea）の葉や，キク科のフジバカマ（Eupatorium stoechadosmum）の地上部を乾燥させた際に生じる香り成分でもある．なお，フジバカマは蘭草ともいい，奈良時代に中国大陸から日本に伝来し，帰化植物となったが，現在では絶滅危惧種となっている．

　ケイ皮酸より酸化状態が一段低く，ケイ皮酸のカルボン酸部分がアルデヒドとなった化合物をシンナムアルデヒド（cinnamaldehyde）という．シンナムアルデヒドはいわゆるニッキ飴の香りの主成分となっている．

3.3.2　その他のフェニルプロパノイドの例

　前述の o-クマル酸と酸素の位置（ヒドロキシ基の位置）が異なる化合物として p-クマル酸がある．そして，o- または p-クマル酸にもう一つヒドロキシ基が付いたものをコーヒー酸またはカフェー酸（caffeic acid）という．コーヒー酸は未熟なコーヒー豆から単離されるクロロゲン酸（chlorogenic acid）の化学構造の一部となっている．

　クマリンの誘導体に，人工的に合成されたワルファリン（warfarin）がある．血液凝固阻止作用があり，医薬品として用いられ，殺鼠剤などとしても利用される．この化合物は，とくに雌雄のラットで大きく毒性が異なる〔LD_{50} が雄で約 100 mg/kg であるのに対し，雌では約 9 mg/kg（いずれも経口投与）〕という実験結果がある．

　なお，クマリンやワルファリンのように環を構成する原子の中に炭素以外の原子が入っている化合物を複素環式化合物（heterocyclic compound）という．複素環式化合物には生物活性成分として重要なものが多い．

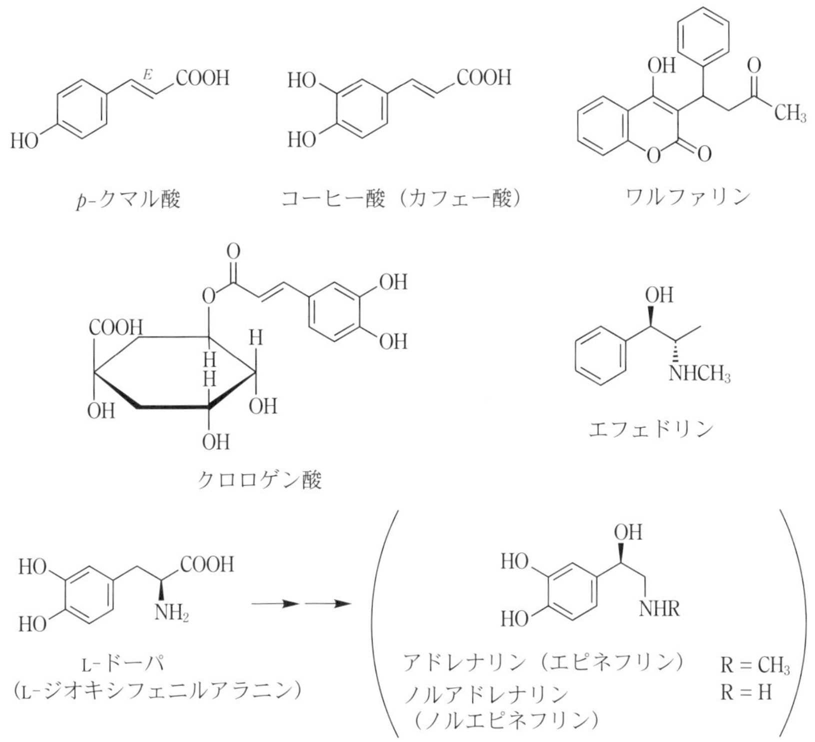

3.3 フェニルプロパノイド

図 3.23 フェニルプロパノイドの例

　フェニルアラニンのベンゼン環の3および4位が酸化されてヒドロキシ基となったものを，L-ジオキシフェニルアラニン（L-dioxyphenylalanine），略してL-ドーパ（L-dopa）という．L-ドーパは脱炭酸するとドーパミン（dopamine）となるが，これはヒトの脳内伝達物質の一つである．一方，L-ドーパのベンゼン環に隣接しているメチレン部分が酸化されたうえ脱炭酸されてできた基本骨格を有するものは（−）-アドレナリン〔（−）-adrenaline，または（−）-エピネフリン（（−）-epinephrine）〕や（−）-ノルアドレナリン〔（−）-noradrenaline，または（−）-ノルエピネフリン（（−）-norepinephrine）〕といい，いずれも私たちの生体中で大変重要な役割を果たす化合物となる．これらのL-ドーパやドーパミン，（−）-アドレナリン，（−）-ノルアドレナリンはアルカロイド（4.2.1項）でもある．
　一方，マオウ科のマオウ属（*Ephedra*）の仲間の植物から調製される生薬の漢

薬名を麻黄といい，風邪の初期症状などに服用する有名な漢方薬である葛根湯にも配合される．麻黄から日本人によって単離されたアルカロイドがエフェドリン（ephedrine）である．エフェドリンはあたかもフェニルプロパノイド由来で生じたような化学構造を有している．しかし，実際には，その生合成経路は上述のフェニルプロパノイド類とは異なり，C_6-C_1 ユニット（ベンゼン環に炭素1個が結合したユニット）に炭素3個からなるユニットが結合して生成する（4.2.10 項）．ゆえに，この化合物の化学構造はフェニルプロパノイド類といえるが，生合成的には一般の天然由来のフェニルプロパノイド類とはおおいに異なる．なお，エフェドリンもアルカロイドの一種である．

3.3.3 リグニン

フェニルプロパノイド2分子が結合して生成する化合物にリグナン（lignan）類がある．リグナンはさらに重合し，高分子のリグニン（lignin）となって，植物の構造体をささえる役割を担っている．すなわち，リグニンは，木材中にはセルロース（第5章5.2節で詳述する）に伴って，20〜30％存在する．リグニンをそのままの形で植物から取り出すことは困難であるが，その構成単位と思われる化合物はリグナン類として各種単離されている．その例としてピノレジノール（pinoresinol）などがある（図3.24）．

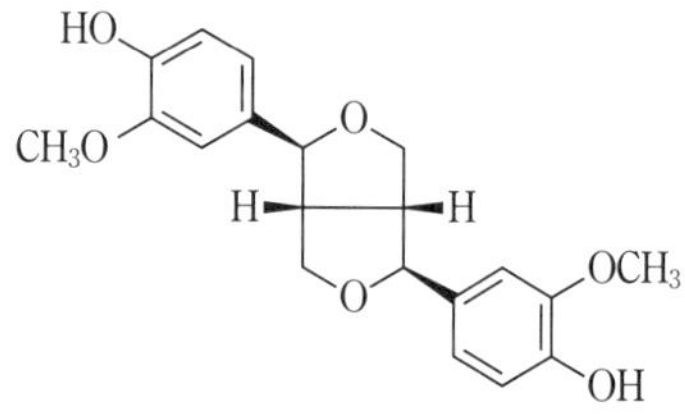

図 3.24 ピノレジノールの化学構造

3.4　フラボノイド——花の色や女性ホルモンとの関係

フラボノイド（flavonoid）とは「フラボン（flavone）＋oid（"〜のような"を示すギリシャ語の接尾語）」からなる単語である．一方，フラボンの語源は，ラテン語で黄色を示す"*flavus*"と化合物群の化学構造中にケトン部分構造（-one）があるということからできた合成語である．

花の色に関連する色素として大部分を占めるのは，カロテノイド（carotenoid）とフラボノイドである．カロテノイドについては次節テルペノイドの項で述べる．

フラボノイド系色素の代表的なものには，クリーム色から黄色を示すフラボン

系の色素や，花色の赤，紫，青系の色を表すアントシアン（anthocyan）系の色素がある．フラボン系の色素は化学的にも安定であり，広く染料として応用されている．アントシアン系色素は，一般に光やpHなどにより変色しやすい不安定な化合物である．

フラボノイド系化合物のなかには，黄八丈（きはちじょう）（織物）の鮮やかな黄色を発現するフラボン系成分や，緑茶の成分であるカテキンなど，そして，ベニバナ（紅花）から得られる鮮やかな紅色色素成分となっているカルコン系成分などがある．また，アントシアニン（後述）としては，ブルーベリーの色や紫陽花（あじさい）などの色成分があげられる．フラボノイド系化合物は私たちのごく身近に種々の形で存在する．

3.4.1 フラボノイドの生合成

フラボノイドの生合成ユニットは，フェニルプロパノイド由来の部分とC_2ユニット3個から生成するポリケチド由来のベンゼン環部分からなる（図3.25）．ベンゼン環（A）部分ができてからC環を形成するので，ベンゼン環部分については（a）の形に入るものと（b）の形に入るものの2種類が考えられる．

一方，イソフラボン（isoflavone）はB環がフラボン（flavone）のC_2位からC_3位に転位した化合物群である．その生合成ユニットをBおよびC環について図3.25の左下に示した．この化合物群ではフェニルプロパノイド部分が元の形を失っている．

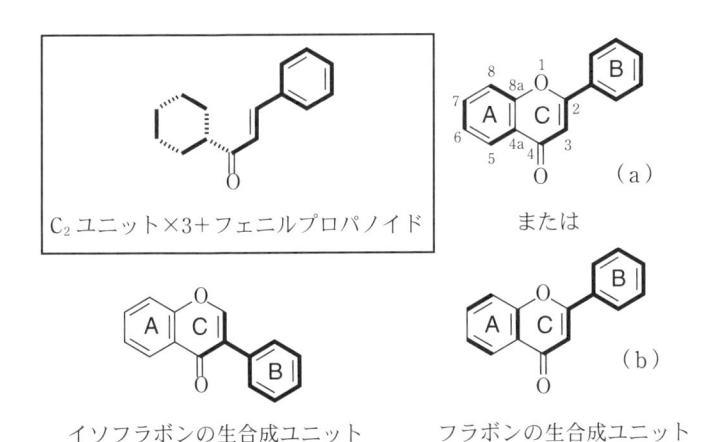

図3.25 フラボノイド生合成ユニット

3.4.2 フラボノイドの分類

　フラボノイドを化学的に分類すると，大きく，フラボン（flavone）類とイソフラボン（isoflavone）類とに分けられる（図3.26）．前項でも述べたが，フラボノイドの化学構造は一般にA～Cの3つの環から成り立つ．そのなかで，イソフラボン類は，フラボン類とはA～C環中，B環のC環に対する結合位置が異なっている．

　フラボン類はC_2-C_3位の二重結合の有無によりフラボン類とフラバノン類に分類される．また，とくにそれぞれ，C_3位にヒドロキシ基のあるものをフラボノール（flavonol）およびフラバノノール（flavanonol）類と称して区別している．さらに，後者のうち，C_3位にヒドロキシ基が結合しC_4位のカルボニル基を欠くものを，とくにカテキン（catechin）類という．これらは，前述の生合成経路において，それぞれ，フラボンのC_3位にヒドロキシ基が入ったり，C_2-C_3位の間が還元されたりして生成するものである．

フラボン　　　R = H
フラボノール　R = OH

フラバノン　　　R = H
フラバノノール　R = OH

カテキン

カルコン

オーロン

アントシアニジン

イソフラボン

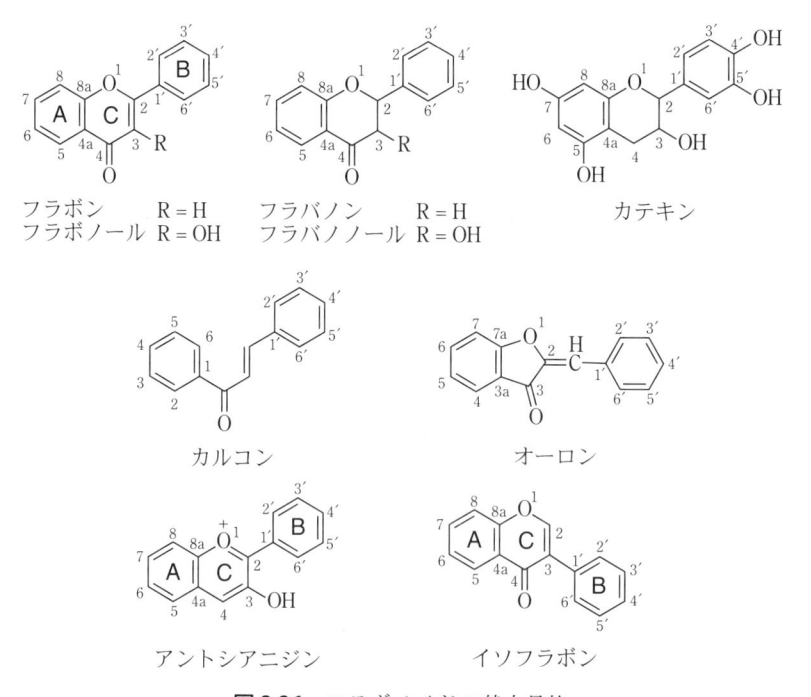

図3.26 フラボノイドの基本骨格

一方，フラボノイドの生合成経路において，C環が開環したままだったり5員環を形成したりすると，それぞれ，カルコン（chalcone）類やオーロン（aurone）類が生成する．

アントシアニン系化合物はC環のカルボニル基を欠き，C_1-C_2位，およびC_3-C_4位に二重結合が入った化合物群で，あざやかな色をもつものが多い．アントシアニン系化合物においては，C_3位に糖類が結合したものをアントシアニン（anthocyanin）類といい，糖類が結合していないものをアントシアニジン（anthocyanidin）類という．

以上の化合物群は前項ですでに述べたように生合成的にも相互に密接な関連を有しているので，これらの化合物群を総称してフラボノイド（flavonoid）という．図3.26に各種フラボン類およびイソフラボンの基本骨格と基本骨格上の炭素のナンバリング法を示す．

3.4.3 フラボン，フラボノールの例

フラボンの基本的な化合物例として，フラボン（flavone）と，アピゲニン（apigenin），ルテオリン（luteolin）を図3.27に示す．

フラボンはサクラソウ科のオトメザクラ（*Primula malacoides*）から単離される化合物である．フラボンは無色であるが，この基本骨格にヒドロキシ基が結合した化合物になると黄色味を帯びるようになる．実際に，C_5, C_7および$C_{4'}$位にヒドロキシ基が結合したアピゲニンは，黄八丈の鮮やかな黄色を発色する主成分となっている．黄八丈は，イネ科のコブナグサ（*Arthraxon hispidus*，カリヤスともいう）を用いて絹を染色したものである．コブナグサで染めた色名を刈安（かりやす）ともいう．なお，コブナグサの色素成分にはやはりフラボン類のアルスラキシン（arthraxin）も含まれる．

フラボン類のC_3位にヒドロキシ基が結合した化合物群をフラボノールということはすでに述べた（3.4.2項）．その代表例としてケンペロール（kaempherol），ケルセチン（quercetin），およびミリセチン（myricetin）を図3.27に示す．

一方，このC_3位のヒドロキシ基に糖が結合したフラボノール配糖体が各種知られている．そのなかでケンペロールおよびケルセチンのC_3位のヒドロキシ基にグルコースがグルコシル基として結合したアストラガリン（astragalin）およびイソケルシトリン（isoquercitrin）の例をあげる．これらはカキノキ科のカキ

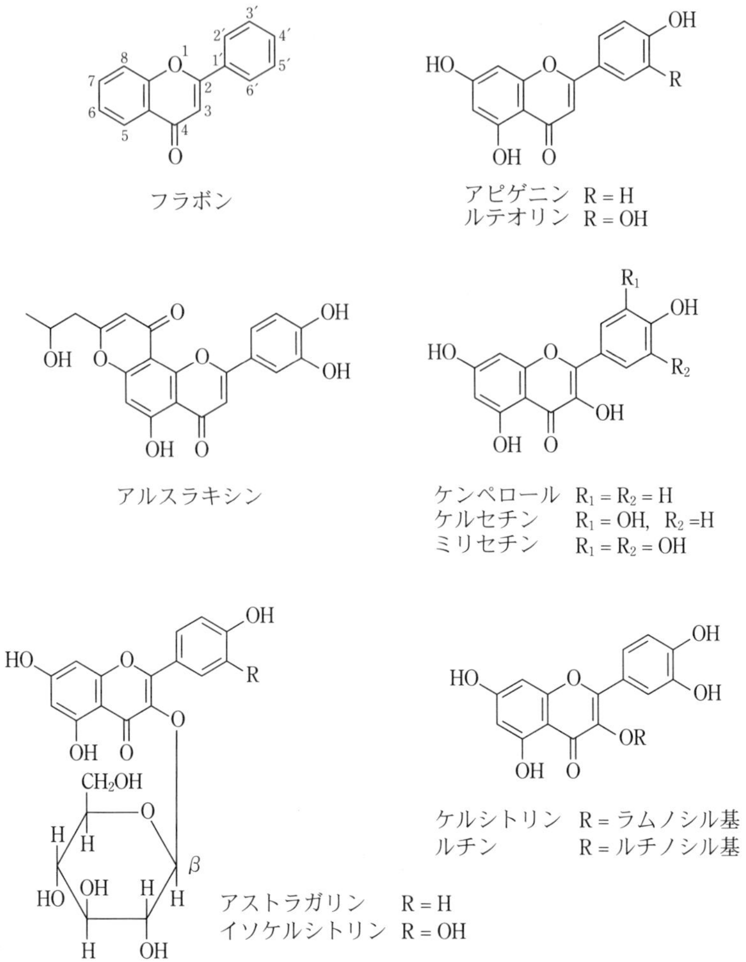

図 3.27 フラボン，フラボノールおよびフラボノール配糖体の例

(*Diospyros kaki*) の葉の血圧下降成分として報告されている．

また，ケルセチンの C_3 位のヒドロキシ基にラムノースやルチノースがそれぞれ，ラムノシル基およびルチノシル基として結合したものをそれぞれケルシトリン (quercitrin) およびルチン (rutin) という．ケルシトリンはカシ属 (*Quercus*) の材に沈積しており，その材の色の一部として認められる．また，ルチンはマメ科のエンジュ (*Sophora japonica*) のつぼみを乾燥して調製される漢薬である槐花に

大量に含まれる．ルチンを主たる色素成分として含む槐花は染色にも用いられ，明礬媒染で鮮黄色，木灰や石灰媒染で黄色〜青黄色，鉄媒染で暗緑色に染められる．

3.4.4 フラバノノール，カテキンの例

フラボノールのC_2-C_3位が還元されたものをフラバノノールといい，また，さらにC_4位のカルボニル基が還元されたものをカテキンという．

図3.28に，フラバノノールおよびカテキンの例として，(+)-タキシフォリン((+)-taxifolin) と (+)-カテキン ((+)-catechin) を示す．両者の違いはC_4位のカルボニル基の有無だけとなる．(+)-タキシフォリンは2,3-ジヒドロケルセチン (2,3-dihydroquercetin) に該当し，広く植物界に分布している．

一方，(+)-カテキンは緑茶に含まれるタンニン (tannin) の一種である．タンニンは，加水分解によって多価フェノール酸を生じる物質の総称であり，渋みを有し，植物界に広く存在する．タンニンのなかには虫歯予防効果のあるものもあり，いわゆる虫歯菌の増殖や歯垢の形成を抑制するという．このような性質をもつタンニンのなかでもっとも強い活性をもつ化合物は，((−)-エピガロカテキンガレート ((−)-epigallocatechin gallate；EGCG) である．

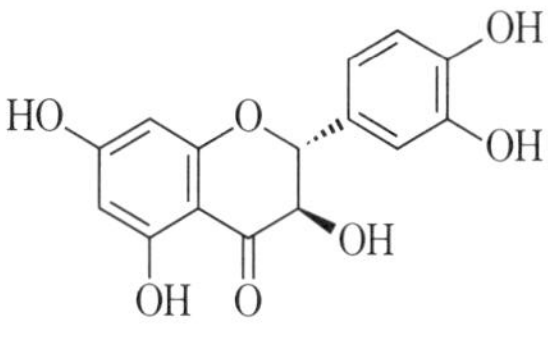

(+)-タキシフォリン

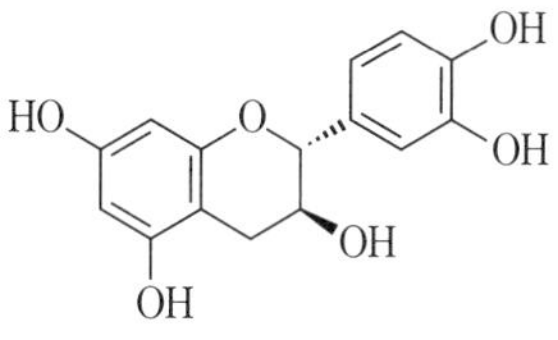

(+)-カテキン

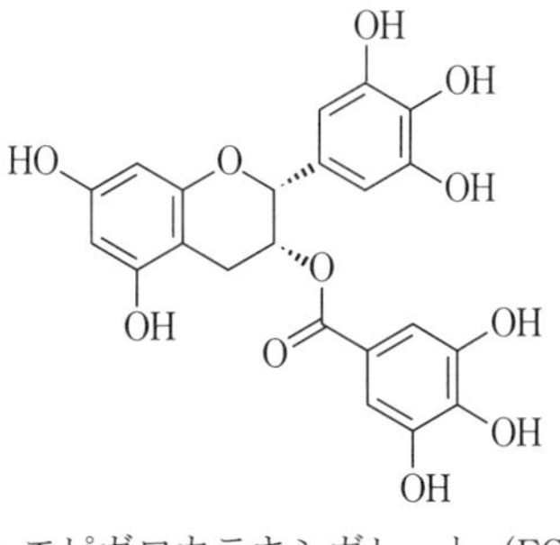

(−)-エピガロカテキンガレート (EGCG)

図3.28 フラバノノールおよびカテキンの例

3.4.5 カルコン，オーロンの例

　フラボノイド類の生合成経路において，C環が開環したり5員環を形成したりして生成する化合物群に，カルコンやオーロンがある（図3.26および3.29）．

　キク科のキバナコスモス（*Cosmos sulphureus*）やキンケイギク（*Coreopsis gigantea*）の花弁からは色素成分としてカルコン類のブテイン（butein）やその配糖体のコレオプシン（coreopsin）が得られる．また，上記の植物には一種の酸化酵素であるカルコナーゼ（chalconase）が含まれており，カルコンをオーロンに変換することも見い出された．たとえば，コレオプシンはカルコナーゼの作用でスルフレイン（sulphurein）に酸化される．スルフレインは植物材料からも得られている．このことからもカルコンとオーロンとは密接な関係を有することが明らかである．

　カルコンを基本骨格として有する代表的な化合物として，キク科のベニバナ（*Carthamus tinctorius*）の色素として得られたカルタミン（carthamin）があげられ

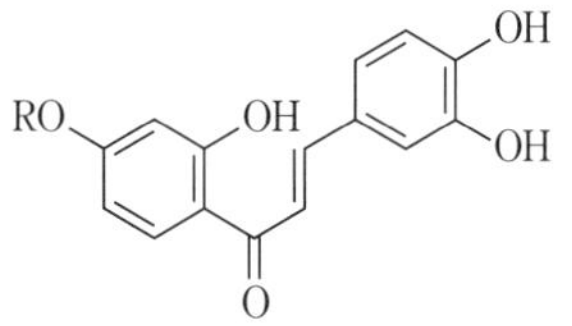

ブテイン　　R = H
コレオプシン　R = gluc.

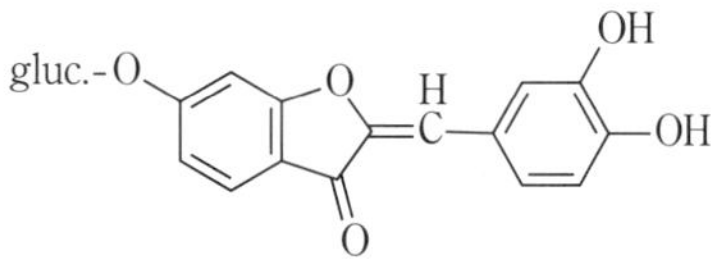

スルフレイン

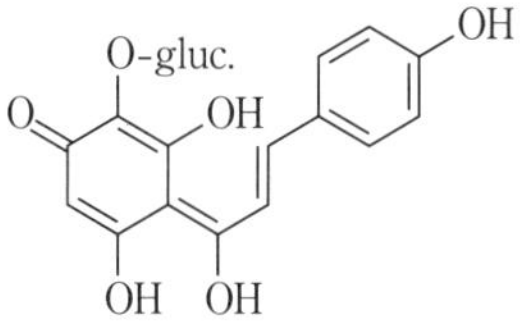

カルタミン（1930年）

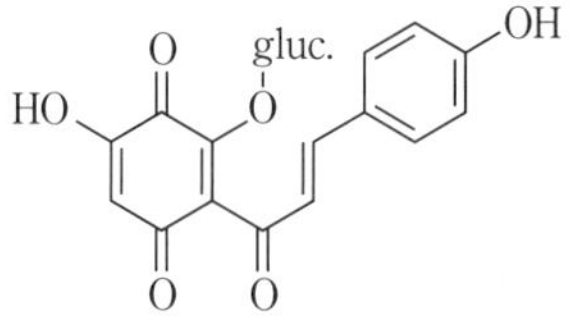

カルタモン（1960年）

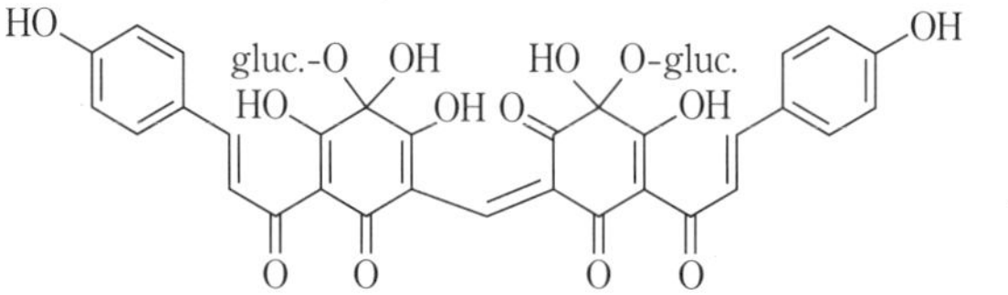

カルタミン（1979年）

図 3.29　カルコンおよびオーロンの例（gluc.：グルコシル基）

る．ベニバナの花弁の乾燥品は紅花といい，婦人薬として用いられるほか，紅花を調製して得られる紅餅から口紅がつくられ，また，紅餅は紅花染めにも用いられる．

この紅花の色素成分の化学構造についてはいくつかの説が出た．当初提出されたカルタミンの化学構造（1930年）は訂正され，キノン構造を有する化学構造がカルタモン（carthamone）の名称で1960年に提出された．現在は，色素成分の化学構造として，2量体の形となったものが，カルタミンの名称で提出されている（1979年）．カルタミンの化学構造を1930年に提出したのは，黒田チカであった．彼女は，ムラサキの根の色素成分シコニンなども研究している（1.3.5項）．

なお，ベニバナはエジプトまたはエチオピア原産の植物とされ，これがはるかシルクロードを経てわが国に伝来し（7世紀はじめの説が有力），現在は山形県を中心に栽培されている．

3.4.6 アントシアンの例

アントシアンは，秋の紅葉した葉の色やハツカダイコンの根の色，シソ（紫蘇）の葉の色，ブルーベリーの果実の色，また，各種の赤，青，紫などを呈する花や果実の色の本体となっている化合物群である．すでに述べたように，アントシアニン系化合物はフラボン基本骨格中，C環のC_4位のカルボニル基を欠き，C_1-C_2位およびC_3-C_4位に二重結合が入った化合物群（図3.26参照）の総称である．

アントシアンの語源は，ギリシャ語で「花」を示す*anthos*と，同じく「青」を示す*kynos*との合成語である．配糖体の場合，一般には，糖を除いた本体部分をアグリコン（aglycone）とよぶが，アントシアンの場合には，配糖体をアントシアニン（anthocyanin），そして，アグリコンをアントシアニジン（anthocyanidin）とよんでいる．アントシアンは一般に配糖体となって存在する．

アグリコンであるアントシアニジン中，花に存在するものの大部分はペラルゴニジン（pelargonidin），シアニジン（cyanidin），およびデルフィニジン（delphinidin）である（図3.30）．

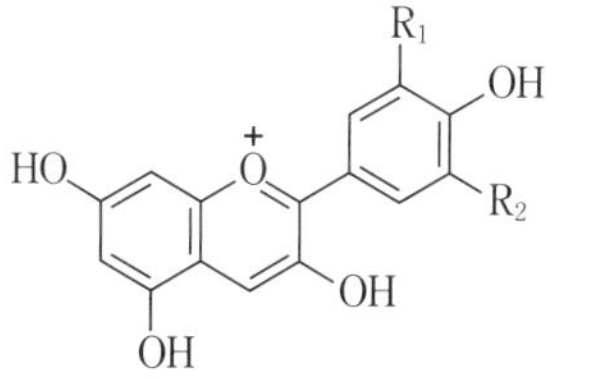

ペラルゴニジン　$R_1 = R_2 = H$
シアニジン　　　$R_1 = OH, R_2 = H$
デルフィニジン　$R_1 = R_2 = OH$

図3.30 アントシアニジンの例

アグリコンとしてのアントシアニジンの種類はあまり多くないが,アントシアニジンに結合する糖部分はバラエティーに富み,配糖体のアントシアニンにはさまざまな種類がある.

ロイコアントシアニジン(leucoanthocyanidin)は,アントシアニンのC_1-C_2位およびC_3-C_4位が還元された化合物の総称である.ロイコ(leuco)とは「白い」という意味であり,この系統の化合物は無色である.ロイコアントシアニジン類はアントシアニン類の生合成前駆体と考えられ,被子植物中,双子葉類に普遍的に存在しているが,単子葉類にはかなり散在的である.また,シダ類に広く分布しているがコケ類には見い出されない.

ヒマラヤの青いケシとして有名なケシ科のメコノプシス(*Meconopsis horridula*)はヒマラヤから中国西南部や西北部の高地に分布し,目のさめるような青い花を咲かせる.近年,この花色の色素成分が明らかとなった.その結果,これはアントシアニン類に分類されるシアニジン-3-(6-*O*-マロニル)サンブビオシド-7-*O*-グルコシド(cyanidin-3-(6-*O*-malonyl)sambubioside-7-*O*-glucoside)に,助色素としてフラボノール配糖体のケンペロール-3-*O*-ゲンチオビオシド(kaempherol-3-*O*-gentiobioside)が加わったものであることがわかっ

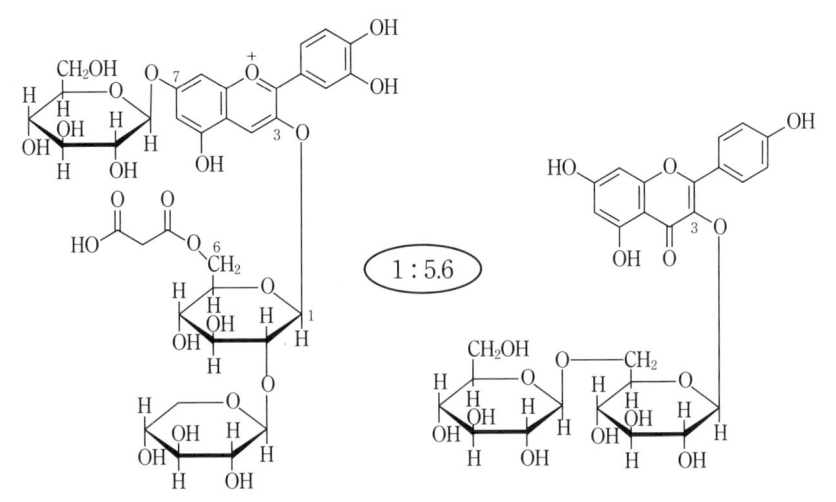

シアニジン-3-(6-*O*-マロニル)サンブビオシド-7-*O*-グルコシド   ケンペロール-3-*O*-ゲンチオビオシド

図3.31 ヒマラヤの青いケシの色素の化学構造

3.4.7 イソフラボンの例

イソフラボンはフラボンのB環がC_2位からC_3位に転位した化合物の総称である（図 3.32）.

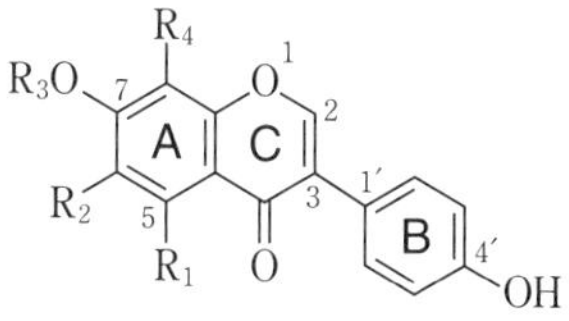

```
                    ダイゼイン         R₁ = R₂ = R₃ = R₄ = H
                    ダイジン           R₁ = R₂ = R₄ = H，R₃ = グルコシル基
                    ゲニステイン       R₁ = OH，R₂ = R₃ = R₄ = H
                    ゲニスチン         R₁ = OH，R₂ = R₄ = H，R₃ = グルコシル基
                    4′,6,7-トリヒドロキシイソフラボン
                                      R₁ = R₃ = R₄ = H，R₂ = OH
                    OH-1049P          R₁ = R₂ = R₃ = H，R₄ = OH
```

ダイゼイン $R_1 = R_2 = R_3 = R_4 = H$
ダイジン $R_1 = R_2 = R_4 = H$，$R_3 = $ グルコシル基
ゲニステイン $R_1 = OH$，$R_2 = R_3 = R_4 = H$
ゲニスチン $R_1 = OH$，$R_2 = R_4 = H$，$R_3 = $ グルコシル基
4′,6,7-トリヒドロキシイソフラボン $R_1 = R_3 = R_4 = H$，$R_2 = OH$
OH-1049P $R_1 = R_2 = R_3 = H$，$R_4 = OH$

図 3.32 イソフラボンの例

イソフラボンを多く含む植物として，マメ科のダイズ（*Glycine max*，大豆）がある．ダイズの種子にイソフラボン類の主成分として含まれるのはダイジン（daidzin）であり，副成分としてゲニスチン（genistin）が含まれる．これらの配糖体は，大豆加工食品，たとえば豆乳の製造工程において，ダイズ中に存在するβ-グルコシダーゼの作用によって加水分解され，それぞれのアグリコンであるダイゼイン（daidzein）やゲニステイン（genistein）も遊離している．これらのイソフラボン類は豆乳を飲む際に咽頭を刺激する望ましくない成分とみなされていたが，最近の研究により，これらのイソフラボン類はフィトエストロゲン（後述）として作用し，乳癌や骨粗鬆症の予防という機能が期待されるようになってきた．

また，イソフラボン誘導体中，4′,6,7-トリヒドロキシイソフラボン（4′,6,7-trihydroxyisoflavone）が東南アジアで食べられる大豆発酵食品の一種であるテンペ（tempeh）に含まれ，これが強い抗酸化活性を有することが知られていた．一方，ダイズを煎ってひき，粉にしてつくられるきな粉は抗生物質の生産菌である放線菌の培地成分としてよく使用されるが，一放線菌（*Streptomyces* sp. OH-1049）をきな粉を含む培地で培養すると非常に抗酸化活性の強い4′,7,8-トリヒドロキシイソフラボン（4′,7,8-trihydroxyisoflavone；OH-1049Pともいう）が生じることが報告されている．4′,7,8-トリヒドロキシイソフラボンはこうじ菌の *Aspergillus saitoii* の代謝産物としても生産されることがわかっている．

ゲニステイン　　　　　17β-エストラジオール

図 3.33　ゲニステインと 17β-エストラジオールの化学構造の比較

　イソフラボンが女性ホルモン様作用を示す理由として，その化学構造が，ステロイド系化合物の女性ホルモンの化学構造が占める空間に類似していることがあげられる．図 3.33 に，ゲニステインと女性ホルモンの 17β-エストラジオール（17β-estradiol）の化学構造の比較を示す．ゲニステインにはエストロゲン（estrogen）作用のあることが知られ，フィトエストロゲン（phytoestrogen；植物由来の（phyto-）女性ホルモン様作用物質）として研究が進められている．

3.5　テルペノイド——レモンの香り，トリカブト毒，そしてステビア甘味成分も

　イソペンテニルピロリン酸（IPP）由来の炭素 5 個を単位として構成されている化合物群をテルペノイド（terpenoid）とよぶ．テルペノイドの生合成経路は，か

イソペンテニル　　　β,β-ジメチルアリル
ピロリン酸 (IPP)　　ピロリン酸 (DMAP)

$$-OPP = -O-\overset{\overset{O}{\|}}{\underset{OH}{P}}-O-\overset{\overset{O}{\|}}{\underset{OH}{P}}-OH$$

頭（head）　尾（tail）
C_5 ユニット　　　　　メバロン酸

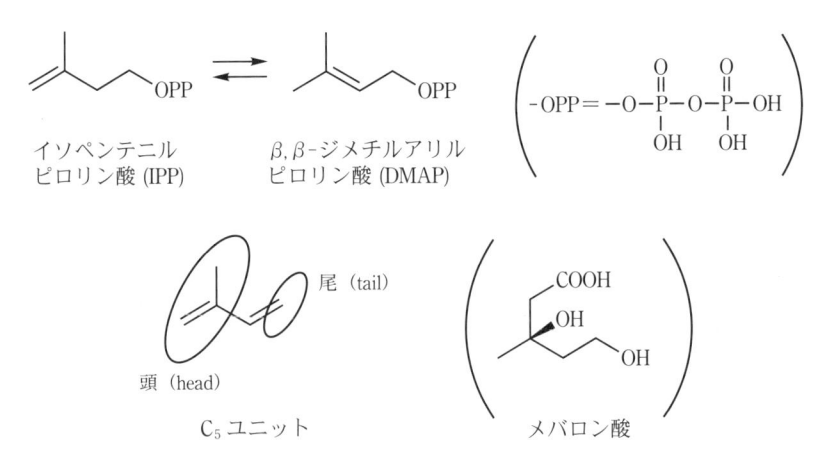

図 3.34　C_5 ユニットの生合成

3.5 テルペノイド

表 3.1 テルペノイド類の分類

モノテルペノイド	monoterpenoid	C_{10}
セスキテルペノイド	sesquiterpenoid	C_{15}
ジテルペノイド	diterpenoid	C_{20}
セスタテルペノイド	sesterterpenoid	C_{25}
トリテルペノイド	triterpenoid	C_{30}
カロテノイド	carotenoid	C_{40}
弾性ゴム	(India) rubber	C_{5n}

つてはメバロン酸 (mevalonic acid) 由来と考えられていたが，現在ではメバロン酸を生合成の前駆体としない別の経路もあることが次第にわかってきた．このC_5ユニット（図3.34）において，枝分かれしている端を頭 (head)，逆の端を尾 (tail) ということがある．このユニットをイソプレン (isoprene) ユニットともいう．このユニットどうしが結合する場合には通常，頭が尾に結合する形をとっており，これをヘッドトゥーテイル (head to tail) 結合という．

テルペノイド類中，イソプレンユニットが2つ結合したものをモノテルペノイドという．そして，モノテルペノイド2個からなる化合物をジテルペノイド，3個からなるものをトリテルペノイドとよんでいる．また，テルペノイドユニット1.5個，すなわち，イソプレンユニット3個からなるものをセスキテルペノイド，テルペノイドユニット2.5個，すなわち，イソプレンユニット5個からなるものをセスタテルペノイドという．セスキとセスタはそれぞれ，1.5および2.5を示す（表3.1）．

さらに，モノテルペノイドユニット4個からなる化合物のなかには，花や野菜の色に関連する一連の化合物群があり，これらはとくにカロテノイド (carotenoid) といわれる．イソプレンユニットが多数結合すると天然に産するゴム，すなわち弾性ゴムとなる．弾性ゴムについては第5章（5.3節）で述べる．

なお，テルペノイド類はイソプレンユニットからなることから，イソプレノイド (isoprenoid) 類ということもある．

3.5.1 モノテルペノイド

レモンの香り成分の一つであるd-リモネン（d-limonene）はモノテルペノイドの代表的な例であり，ミカン科のウンシュウミカン（温州みかん，*Citrus reti-*

d-リモネン　　(−)-メントール　　(+)-カンファー　　アスカリドール　　ヒノキチオール

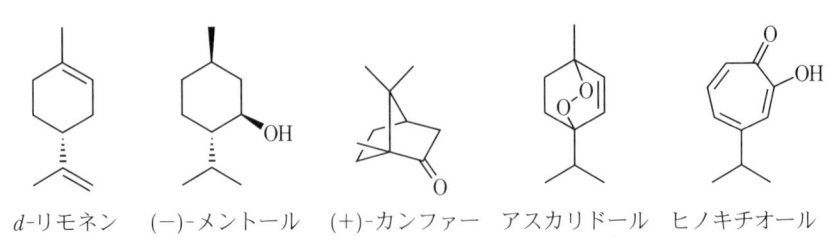

図 3.35 モノテルペノイドの例

culata）の皮などから単離されている．また，シソ科のハッカ（Mentha arvensis var. piperascens）成分の（−)-メントール（(−)-menthol）やクスノキ科のクスノキ（Cinnamomum camphora）から調製される（+)-カンファー（(+)-camphor，樟脳（しょうのう）ともいう），そして，アカザ科のアメリカアリタソウ（Chenopodium ambrosioides var. antherminticum）から単離されたアスカリドール（ascaridole）もモノテルペノイドの一種である．アスカリドールは駆虫剤として利用されるが，過酸化物であり，加熱したり有機酸を加えたりすると爆発しやすい．

また，ヒノキチオール（hinokitiol）は野副鐵男（のぞえてつお）（1902〜1996）らによりヒノキ科のタイワンヒノキ（chamaecyparis obtusa var. formosana）から最初に単離された．この系統の 7 員環化合物はトロポロン（tropolone）類という．トロポロン類は非ベンゼノイド系芳香環化合物として有名である．ヒノキチオールはモノテルペノイドの基本骨格が変化して生じた化合物と考えられる．

一見，モノテルペノイドとは関連なさそうな化合物でも，実はこのユニットが化学構造内に組み込まれた化合物がある．ムラサキ科のムラサキ（Lithospermum erythrorhizon）の根の乾燥品を紫根（しこん）という．生薬として用いられるが，この根から単離された赤紫色の色素成分であるシコニン（shikonin）はモノテルペノイドユニットがその化学構造の一部をなしている．図 3.36 において，太い線で示した部分が C_5 ユニット由来の部分構造である．日本では，ムラサキのカルスを培養することにより，シコニンを 2〜3 週間という短期間で大量に得ることに成功し，これを使った口紅が「バイオの口紅」として話題になったこともある．

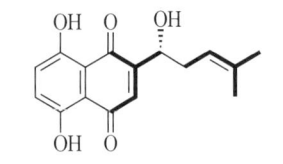

図 3.36 シコニンの化学構造（太線で示した部分に C_5 ユニットが導入されている）

3.5.2 セスキテルペノイド

セスキテルペノイドの例としては，アオイ科のワタ（*Gossypium indicum*）の果実から単離された植物ホルモンの一種である（+)-アブシジン酸（(+)-abscisic acid）がある．また，綿実油からは，殺精子作用を有するゴシポール（gossypol）が得られている．ゴシポールはセスキテルペノイド型の分子が2個結合した形をしている（図3.37）．

一方，ビール製造に使われるクワ科のホップ（*Humulus lupulus*）の主成分として，α-フムレン（α-humulene）が知られている．植物からはその他多くの種類のセスキテルペノイドが単離されている．

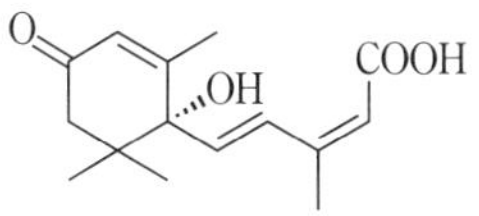

(+)-アブシジン酸

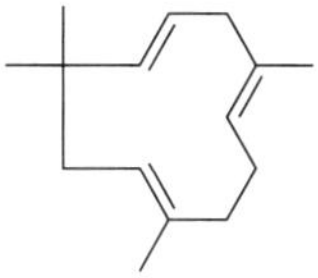

α-フムレン

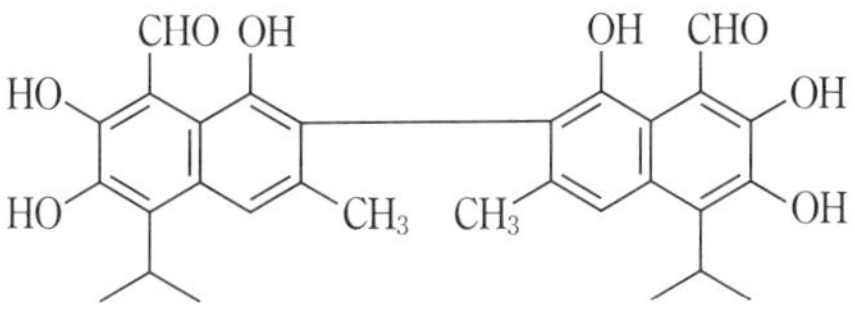

ゴシポール

図3.37 セスキテルペノイドの例

3.5.3 ジテルペノイド

私たちの視覚に関連する化合物としてレチノール（retinol）類があるが，これらのレチノール類はジテルペノイド類に属する（図3.38）．このなかで二重結合がすべて*E*型となっているレチノールはビタミン（vitamin）Aともよばれる．

また，アカネ科のクチナシ（*Gardenia jasminoides* f. *grandiflora*）の果実やアヤメ科のサフラン（*Crocus sativus*）の雌しべに含まれる色素であるクロシン（crocin）もこの範疇の有機化合物である．さらに，南米パラグアイに自生するキク科のステビア（*Stevia rebaudiana*）の甘味主成分であるステビオシド（stevioside）もジテルペノイド系化合物である（図3.39）．

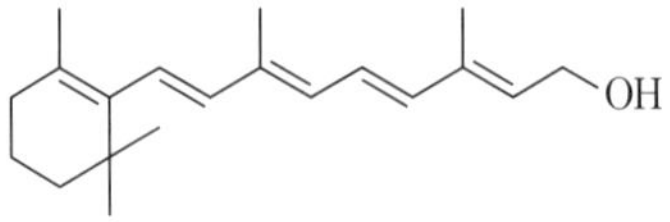

レチノール

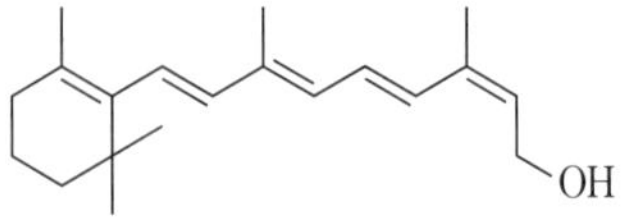

レチノール (*neo a*)

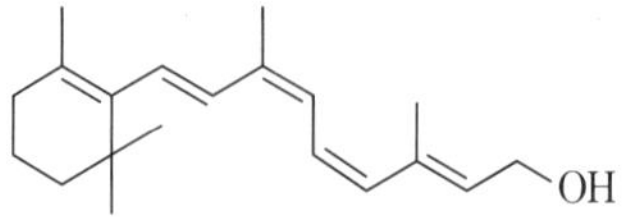

レチノール (*neo b*)

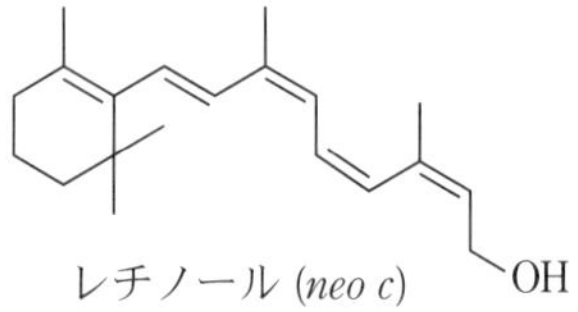

レチノール (*neo c*)

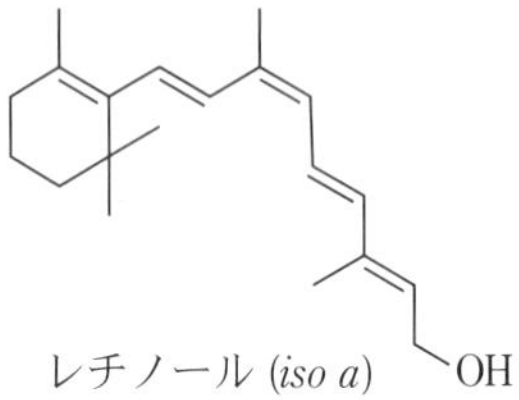

レチノール (*iso a*)

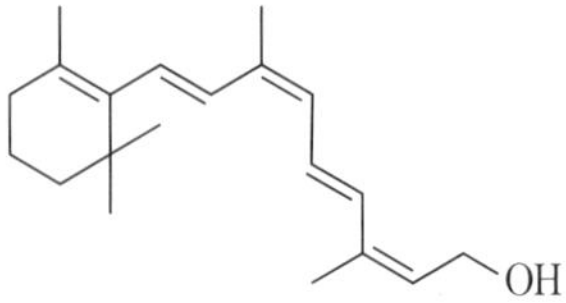

レチノール (*iso b*)

図 3.38　レチノール類の例

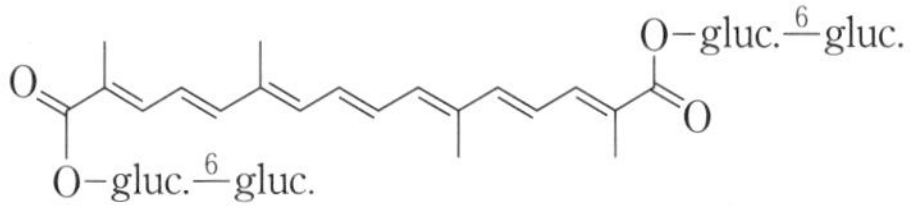

クロシン

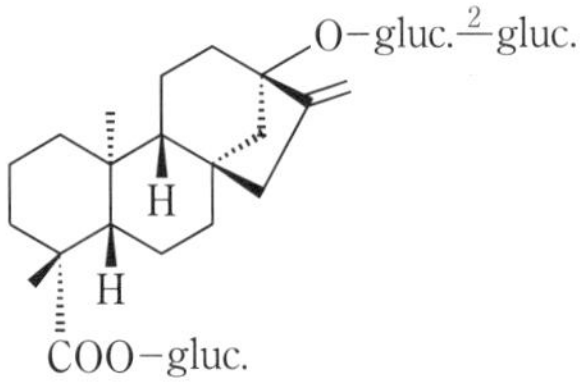

ステビオシド

図 3.39　クロシンとステビオシドの化学構造（gluc.：グルコシル基）

3.5.4　セスタテルペノイド

これまでに発見されたセスタテルペノイドの種類はあまり多くない．また，そのほとんどは微生物由来である．図 3.40 に，真菌の一種である *Cephalosporium caerulens* の培養物から単離されたセファロン酸（cephalonic acid）の化学構造を示す．セファロン酸はブドウ球菌（*Staphylococcus aureus*）に対して弱い抗菌作用を示す．

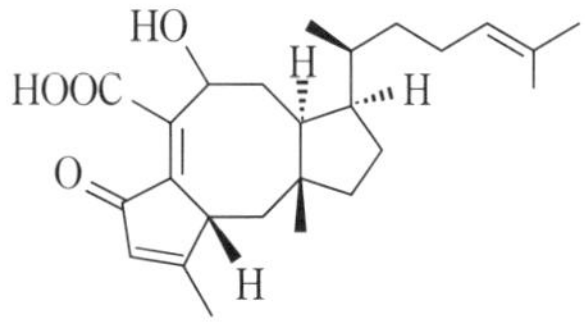

図 3.40　セファロン酸の化学構造

3.5.5 トリテルペノイドとステロイド

　トリテルペノイド系の化合物には，後述のラノステロール（lanosterol）のようにトリテルペノイド由来の基本骨格を比較的温存しているタイプの化合物（図3.44 参照）のほか，ラノステロールのタイプの化合物から4位のジメチル基などを失ってさらに変化したコレステロール（cholesterol）のような化合物が存在する．両者とも基本骨格としてステロイド骨格を有している（図3.41，図3.42）．

　ステロイド類には，テストステロン（testosterone；男性ホルモン）やエストラジオール（estradiol；女性ホルモン）のように性ホルモンとして重要な化合物も多い．さらに，その化学誘導体のなかには筋肉増強剤やピルとして応用されているものもある．また，昆虫変態ホルモンとして，α-エクジソン（α-ecdysone）が知られている．やはり昆虫変態ホルモン作用を有するイノコステロン（inokosterone）はヒユ科のヒナタノイノコズチ（*Achyranthus bidentata* var. *tomentosa*）の根から単離された．

　さらに，ステロイドのなかには強心配糖体（心臓毒でもある）として知られている化合物群もある

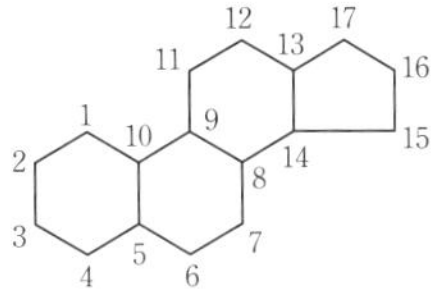

図 3.41　ステロイド骨格

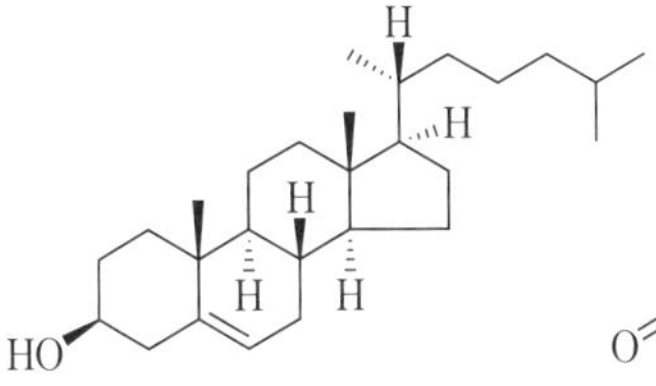

コレステロール 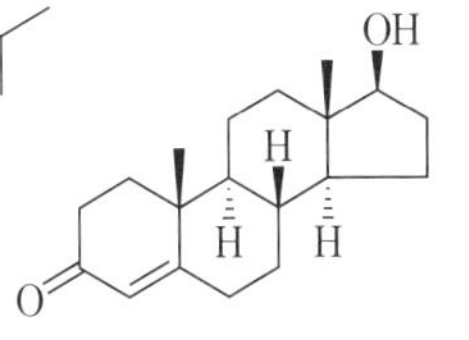　　テストステロン 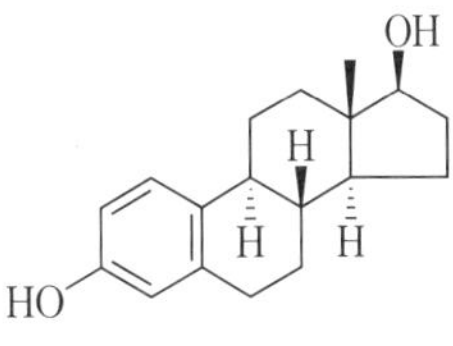　　エストラジオール

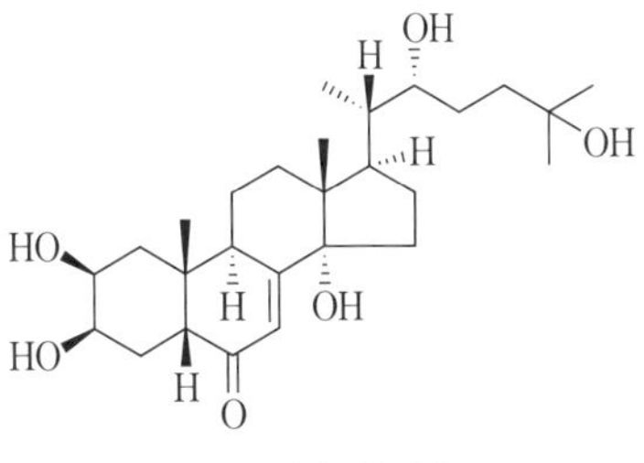

α-エクジソン 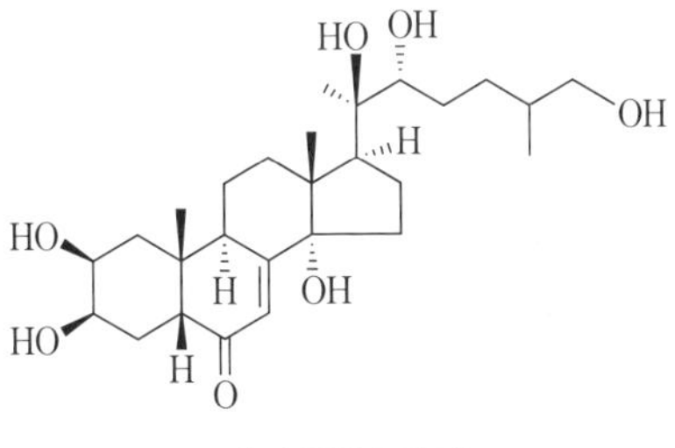　　　イノコステロン

図 3.42　ステロイドの例

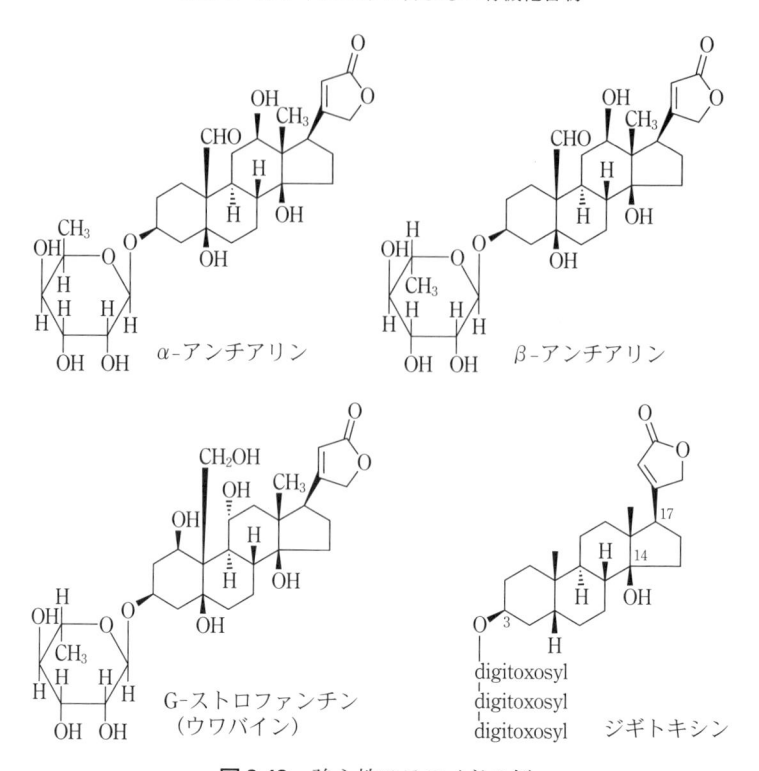

図 3.43 強心性ステロイドの例

（図 3.43）．それらの例として，東南アジアでウパスとして知られる矢毒からはアンチアリン（antiarin）類が，また，アフリカ原産のキョウチクトウ科のストロファンツス属（*Strophanthus gratus*）の植物の種子からはG-ストロファンチン（G-strophanthin，別名ウワバイン（ouabain））が，さらにゴマノハグサ科のジギタリス（*Digitalis purpurea*）からはジギトキシン（digitoxin）などがそれぞれ単離されている．

とくに，植物由来で比較的トリテルペンの基本骨格を温存しているタイプの化合物をフィトステロール（phytosterol）と総称することがある．そのなかには，配糖体となっており，一つの分子内に疎水部位と親水部位があることから，水中で撹拌すると泡立ってセッケンのようなはたらきをする化合物もある．これらをサポニン（saponin）またはトリテルペノイドサポニン（triterpenoid saponin）という．

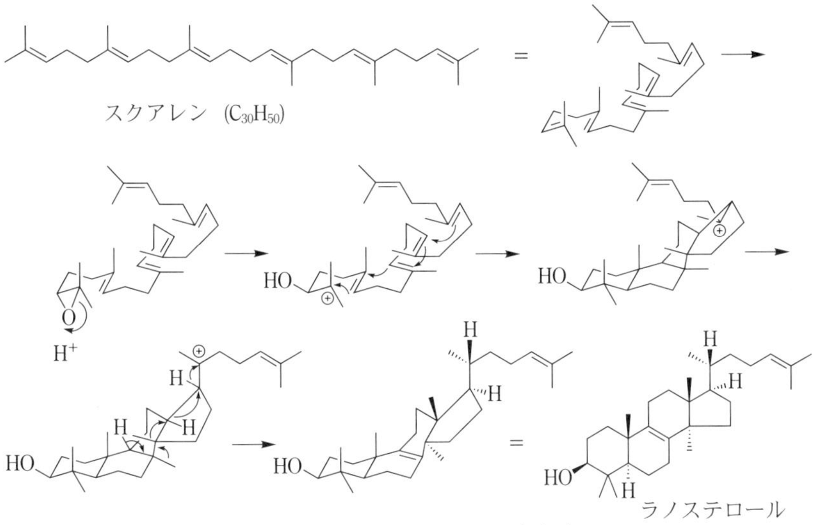

図 3.44 ラノステロールの生合成

図 3.44 に，トリテルペノイドのスクアレン（squalene）からステロイド骨格をもつラノステロール（lanosterol）に至る生合成経路を示す．

3.5.6 カロテノイド

この節の冒頭でも述べたが，C_5 ユニット 8 個（すなわちモノテルペノイドユニット 4 個）からなる有機化合物のなかにカロテノイドとよばれる色素化合物群がある．これらの化合物の共通の生合成前駆体はフィトエン（phytoene）であり，これはジテルペノイドであるゲラニルゲラニオール 2 分子が中央で尾と尾（tail to tail）で結合して生成する（図 3.45）．

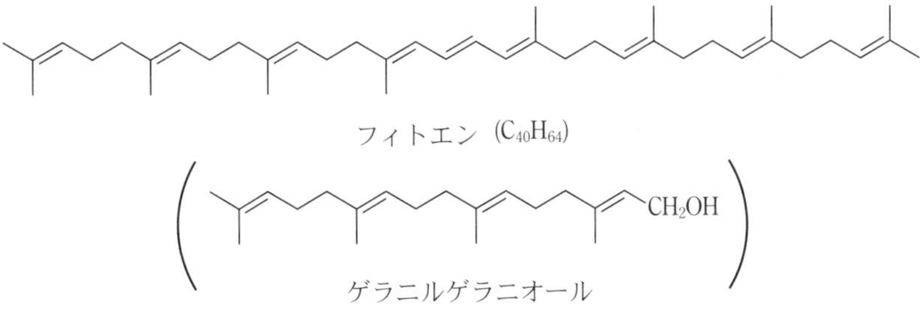

図 3.45 カロテノイド生合成前駆体

カロテノイド類を，分子中にヒドロキシ基を含まないカロテン（carotene）類と分子中にヒドロキシ基を含むキサントフィル（xanthophyll）類とに二大別することがある．たとえば，図3.46で，α-カロテン（R = R′= H）をカロテン類に分類するのに対し，RとR′がヒドロキシ基となったものをキサントフィル類に分類する分類法である．両者は水への溶解性などの違いはあるものの，有機化学的にはあまり意味のない分類法であるので，本書では両者を分けていない．すなわち，両者をカロテノイド類として一括した．

カロテノイド類にはα-〜δ-カロテンのほか，リコピン（lycopene），リコフィ

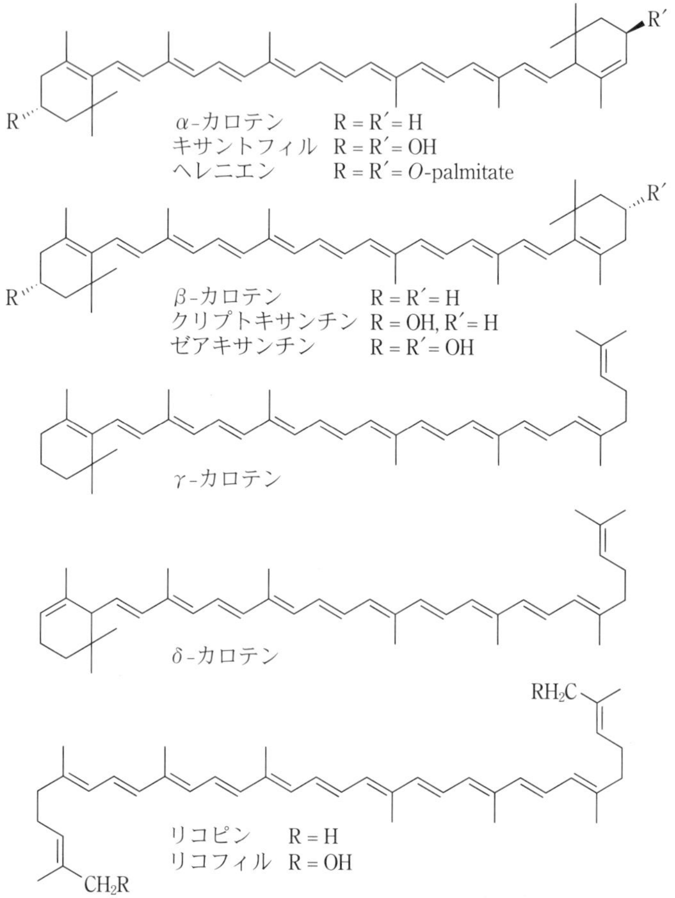

α-カロテン	R = R′= H
キサントフィル	R = R′= OH
ヘレニエン	R = R′= O-palmitate

β-カロテン	R = R′= H
クリプトキサンチン	R = OH, R′= H
ゼアキサンチン	R = R′= OH

γ-カロテン

δ-カロテン

リコピン	R = H
リコフィル	R = OH

図 3.46 カロテノイドの例

ル(lycophyll)などがある.なお,カロテノイドとして代表的な化合物であるカロテンはセリ科のニンジン(*Daucus carota* var. *sativa*)の根の色素成分として単離された.カロテンの語源はニンジン(carrot)である.また,リコピンはナス科のトマト(*Lycopersicon esculentum*)やトウガラシ(*Capsicum annuum*)の果実の皮の色素成分として単離されている.

図3.47に示すフラボキサンチン(flavoxanthin)やビオラキサンチン(violaxanthin)は花の色に関連するカロテノイド類であり,後者はスミレ科のビオラ(*Viola*)属植物の花の色素となっている.前者は黄色,後者はオレンジ〜赤色の化合物である.

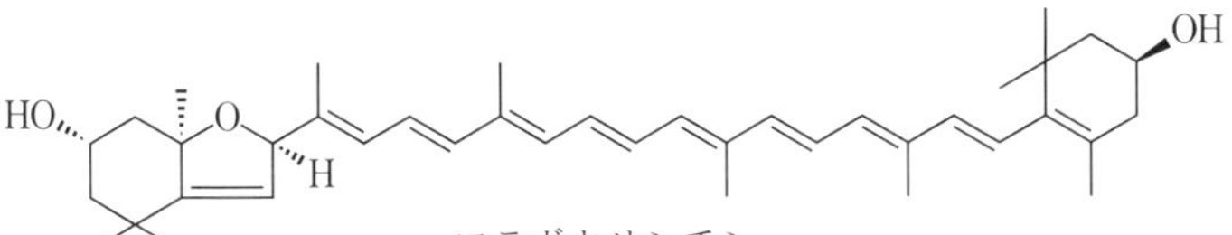

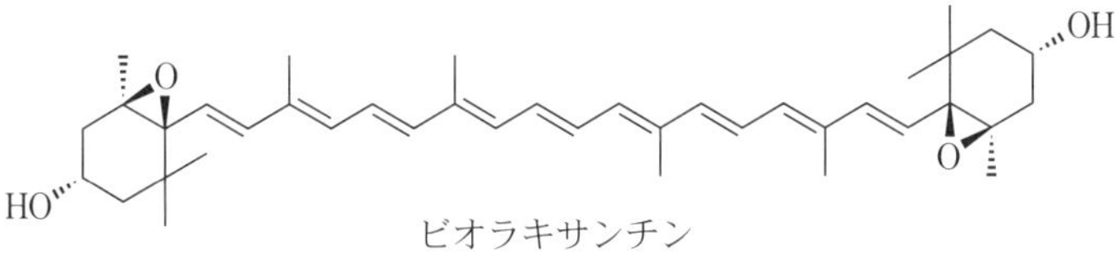

図3.47 花色関連カロテノイドの化学構造

3.6 その他

この章では,各種の非含窒素化合物について述べた.身近にある化合物を取りあげると,どうしても天然有機化合物が主となってしまうが,もちろん,たくさんのその他の化学合成された有機化合物もある.これらに興味をもった読者は他の有機化学の成書にもあたってみることを勧める.

---コ●ラ●ム---

天然染料と有機化学

　適当な方法によって天然・合成繊維に着色しうる有色物質を染料という．現在は化学合成された染料が多用されるが，かつては天然から得られるもののみが使用された．そのような色素には，インジゴなどの少数の例外を除いては非含窒素化合物が圧倒的に多い．また，植物由来の色素が多いことも特徴である．

　インジゴ（indigo）はアイ（*Polygonum tinctorium*）などから得られる染料で，日本でも古くから藍染めに使われ，ブルージーンズの色としてもなじみ深い（1.3.2 項）．アクキガイ科の *Murex brandaris* などの貝が分泌するほとんど無色の液体は空気にふれると，貝紫として知られる色を発色する．その色素の化学構造は，インジゴ分子の2カ所の水素原子が臭素原子に置き換わったものである．

　一方，黄八丈（3.4.3 項）や紅花染めの色素の主成分（3.4.5 項）がフラボノイド類であることは本文で述べた．

　さらに，アカネ（*Rubia cordifolia* var. *mungista*）はいわゆる茜（あかね）色の色素であるアリザリン（alizarin）を与えるが，昆虫のエンジムシの一種であるコチニール（cochineal, *Coccus cacti coccinelifera*）の雌の体からもアリザリンと同じアントラキノンを基本骨格とする赤色の色素，カルミン酸（carminic acid）が得られる．

　ムラサキの根は紫染めにも使われるが，その赤紫色の色素主成分であるシコニン（3.5.1 項）や，クチナシの果実の黄色い色素の主成分であるクロシン（3.5.3 項）については本文で述べた．

　天然起源の染料として応用されている色素成分には毒性の強いものがないことも特徴といえよう．

| インジゴ | R = H |
| 6,6′-ジブロモインジゴ | R = Br |

| アリザリン | R = OH |
| アントラキノン | R = H |

カルミン酸
(gluc.：グルコシル基)

第4章
分子中に窒素を含む有機化合物

4.0 はじめに

　この章では分子内に窒素を含む化合物群について述べる．そのような有機化合物のなかには，アミノ酸，ペプチド，タンパク質や核酸，また，核酸を構成する分子であるプリン，ピリミジン関連化合物のほか，アルカロイドといわれるそのほかの化合物がある．

　タンパク質はアミノ酸が多数結合してでき，私たちの栄養素となり，私たちの体を形成している．タンパク質を構成するアミノ酸は21種類に限定されており，これらを常アミノ酸と称する．一方，この世の中には常アミノ酸以外のアミノ酸も多数存在する．それらのなかにはアミノ酸の要件は満たしていても，アミノ酸というよりもむしろアルカロイドとみなしたほうが適当な化合物もある．そのような化合物は，4.2節のアルカロイドの項で述べる．また，タンパク質は天然に存在する高分子化合物と考えられるので，その説明は第5章に入れた．

　一方，核酸の正体であるDNAやRNAは，これらを構成するヌクレオチド（nucleotide）やヌクレオシド（nucleoside）とともに，どこに説明を入れたらよいのか難しい化合物群である．というのは，まず，DNAやRNAを構成するヌクレオチドやヌクレオシドの類は近年はアルカロイドとみなされることが多いからである．これらに類縁の化合物のなかには明らかにアルカロイドと称したほうがすっきりするものも多い．よって，DNAやRNAを構成するヌクレオチドやヌクレオシド，そしてその骨格をなすプリンおよびピリミジン関連化合物についての

一通りの説明は，他の核酸類縁化合物とともに4.2節で説明する．さらに，DNAやRNAも天然に存在する高分子化合物といえるから，第5章で説明することにした．

4.1 アミノ酸とペプチド——カニの甘味，昆布のうま味の正体

1つの分子の中に，酸性を呈するカルボキシ基（-COOH）と，塩基性を呈するアミノ基（-NH$_2$）の双方が存在する化合物をアミノ酸という．

ヒトを含めた動物の筋肉を構成するタンパク質は，アミノ酸分子中のカルボキシ基と別のアミノ酸の分子中のアミノ基との間で，水が脱離して生じるペプチド結合（またはアミド結合）といわれる-CONH-の形で次々と結合してできたものである（5.4節）．各種の酵素もまたタンパク質である．これらの筋肉や酵素を構成するアミノ酸は常アミノ酸といわれる21種類のアミノ酸からなる．なお，常アミノ酸のうち，L-システインと，L-システインがジスルフィド（S-S）結合によって2量体となったL-シスチンを同一のものとして20種類と数えることもあるが，ここでは，これらを別個のものとカウントした．

これらのアミノ酸は，不斉炭素（4つの異なる基が結合した炭素，2.5.3項）をもたないグリシンを除いてはすべてL体である．また，これらは，カルボキシ基とアミノ基をそれぞれ1個（L-シスチンでは2個）ずつ有している中性アミノ酸が15種，アミノ基が1個に対してカルボキシ基が2個あって全体では酸性となっている酸性アミノ酸が2種，そして，カルボキシ基が1個に対し，複数の塩基性基が結合している塩基性アミノ酸が4種と分類される（表4.1）．

これらのアミノ酸のうち，グルタミン酸の一ナトリウム塩（図4.1）は昆布のうま味の正体であり，いわゆる「味の素」として知られるうま味物質である．また，アミノ酸としてもっとも簡単な化学構造を有するグリシンはカニ類の肉の甘味成分の一部となっている．

上記のアミノ酸のうち，L-アスパラギン酸とL-フェニルアラニンがペプチド結合し，さらにL-フェニルアラニン部分のカルボキシ基をメチルエステルとしたものをアスパルテーム（aspartame）と称する．アスパルテームは砂糖の160倍の甘味を呈し，現在，ノンカロリーの人工甘味料として広く用いられている．

さらにグルタミン酸のアミノ基が結合している炭素（これをα位の炭素とい

表 4.1　タンパク質を構成するアミノ酸

《中性アミノ酸》

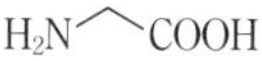

グリシン 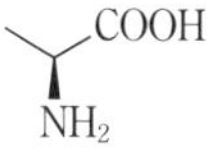　L-アラニン 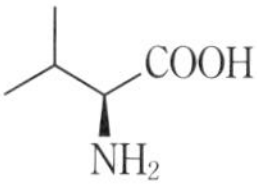　L-バリン 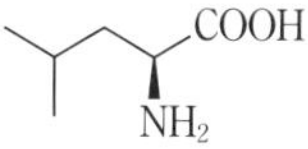　L-ロイシン 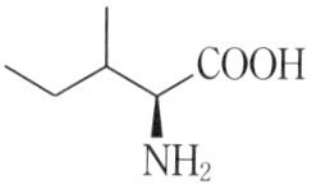　L-イソロイシン

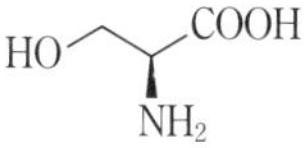

L-セリン 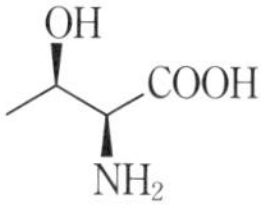　L-トレオニン 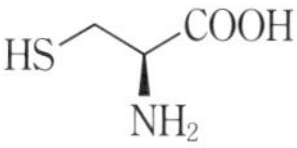　L-システイン 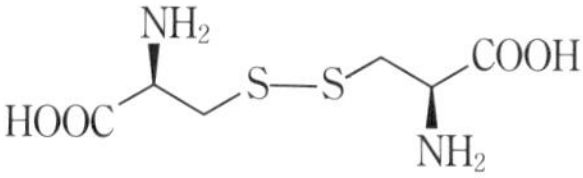　L-シスチン

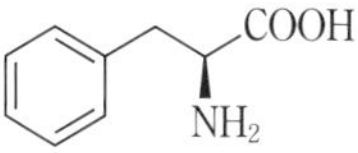

L-フェニルアラニン 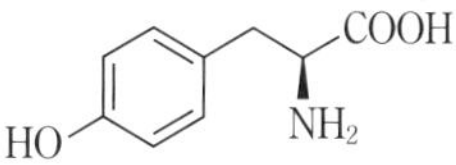　L-チロシン 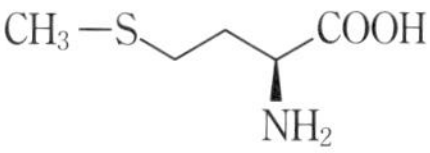　L-メチオニン

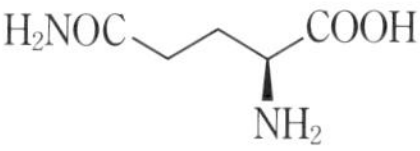

L-グルタミン 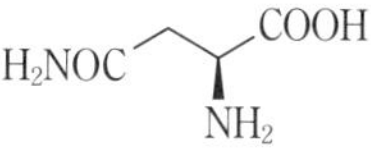　L-アスパラギン 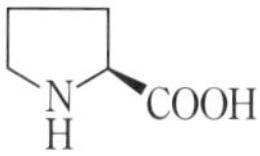　L-プロリン

《酸性アミノ酸》

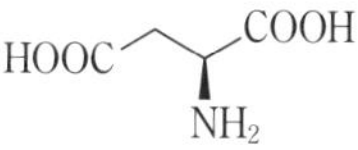

L-アスパラギン酸 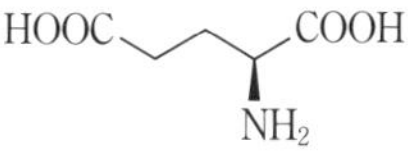　L-グルタミン酸

《塩基性アミノ酸》

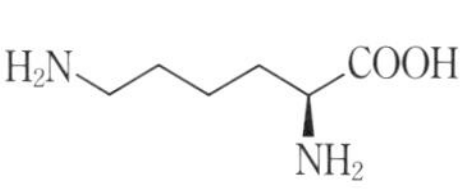

L-リジン 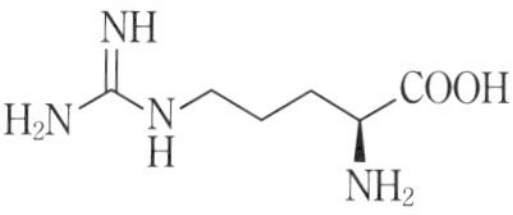　L-アルギニン 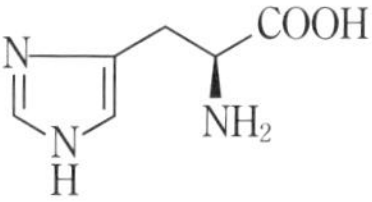　L-ヒスチジン

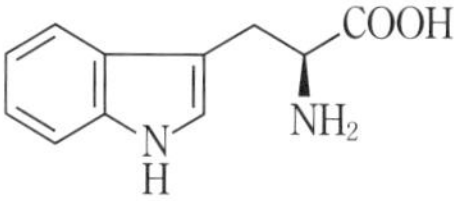

L-トリプトファン

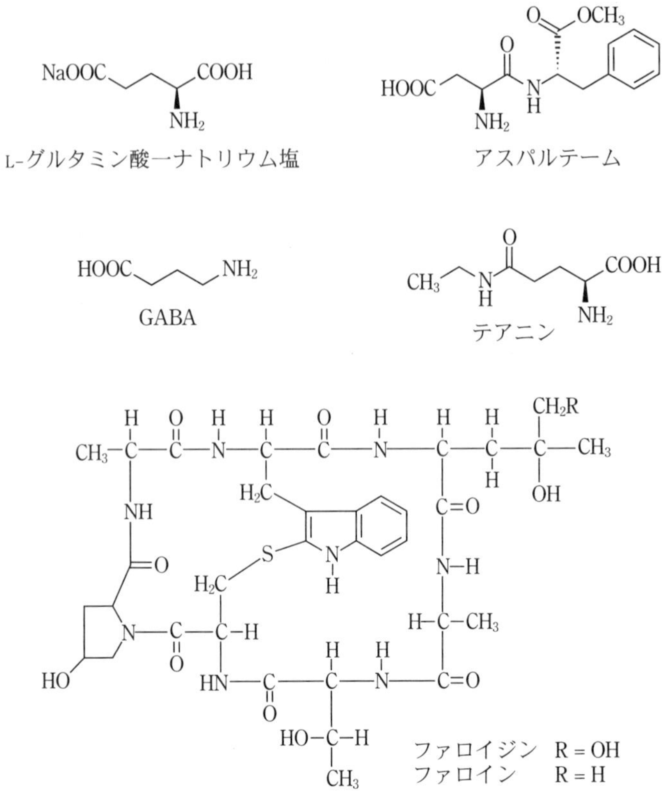

図 4.1 そのほかのアミノ酸とペプチドの例

う）に結合しているカルボン酸を欠くものを GABA〔ギャバと読む；γ-アミノ酪酸（γ(gamma)-aminobutyric acid の略号）〕という．GABA は，動物の脳髄中に発見され，L-グルタミン酸（L-glutamic acid）の脱炭酸により生成する．GABA は脳内伝達物資として機能しており，また静注により延髄の血管運動中枢に作用して血圧を降下させる．GABA はアミノ酸の一種とみなされることが多いが，その生成過程は多分に後述のアルカロイド的である．

一方，お茶のうま味成分としてグルタミン酸にエチルアミン（2.3.3 項）がアミド結合して生じた L-テアニン（L-theanine）がある．玉露にはとくに多く含まれる成分であり，アミノ酸の一種とも考えられるが，アルカロイドの一種とみなしてもよいと思う．

これらGABAやテアニンのように，タンパク質を構成するアミノ酸以外のアミノ酸を異常アミノ酸ということがある．異常アミノ酸のなかには，アミノ酸というよりもアルカロイドとよんだほうが適当な化合物が多い．

　猛毒を有するキノコとして知られるドクツルタケの有毒成分としてファロイジン（phalloidin）やファロイン（phalloin）が知られている．これらの化合物は低分子のペプチドであるが，ファロイジンやファロインには異常アミノ酸が含まれている．

　以上述べたアミノ酸のなかには，次項に述べるアルカロイドの生合成前駆物質になっているものもある．そのなかには，フェニルアラニン，チロシン，トリプトファン，アルギニン，ヒスチジンなどがある．

4.2　アルカロイド──イノシン酸からLSDまで

　モルヒネ，キニーネ，ニコチン，コカイン，エフェドリン，ソラニン，アコニチン，ビタミンB_1，ビタミンB_6，アトロピン，ヒスタミン，L-ドーパ，ベルベリン，イノシン酸，コルヒチン，ストリキニーネ，カフェイン．これらは，いずれも人々を痛みから救い，あるいは人々の病を癒し，人々の嗜好品の主成分となり，人々の生活の役に立ち，人々から恐れられ，人々に警戒されてきた代表的な化合物の例である．そして，ここにあげた化合物はすべてアルカロイドである．

　アルカロイド（alkaloid）という言葉を考え出したのは，ドイツのHalle市の薬剤師マイスナー（K. F. W. Meissner, 1792〜1853）で，1818年のことである．アルカロイドとは，アルカリ（塩基性）様のものという造語で，"alkali"はアラビア語の *al qalī* 〔*al* (the) + *qalī* (calcined ashes)〕（灰）から，また，"-oid"はギリシャ語の *-oeidēs*-〔*-o-* + *eidēs* (-like)〕（〜のような）からきている．

　初期に発見されたアルカロイド類はいずれも植物由来の塩基性化合物であり，特殊な生物活性を有するものであった．そのため，かつて，アルカロイドとは「含窒素化合物で，一般に生物活性が顕著なアミン性植物成分」と定義されていたことがある．ところが現在は，アルカロイドの定義はもっと広くなっており，生物活性が見い出されていないアルカロイドや，動物・微生物由来や化学合成されたアルカロイドもある．

　将来はアミノ酸やタンパク質，核酸などとアルカロイドの壁もなくすべきかも

しれないが，なにしろ，前者はそれぞれすでに大きな領域となっており，手法や学問としての性質もやや異なることから，現在も独立に論じられることが多い．したがって，今のところ，これらについては一応（あいまいに）分けておいたほうがよいと考える．

　この節におけるアルカロイドの分類は，その窒素が由来するアミノ酸によったが，アルカロイド分子中の窒素の由来がC-N結合を保持したままのアミノ酸の導入によるものでないものは，その炭素骨格の主たる生合成経路による分類に従った．そのような化合物のなかには，毒草として有名なトリカブトの有毒成分であるアコニチン（aconitine）などがある．

4.2.1　フェニルアラニンおよびチロシン由来のアルカロイド

　フェニルアラニン（phenylalanine；Phe）およびフェニルアラニンより生成するチロシン（tyrosine；Tyr）由来のアルカロイドには，次項に述べるトリプトファン由来のアルカロイドとともに，重要な生物活性を有するものが多い．

L-ドーパ　　R = COOH
ドーパミン　R = H

メスカリン

アドレナリン　　　R = CH_3
ノルアドレナリン　R = H

d-ツボクラリン (d-Tc)

ベルベリン

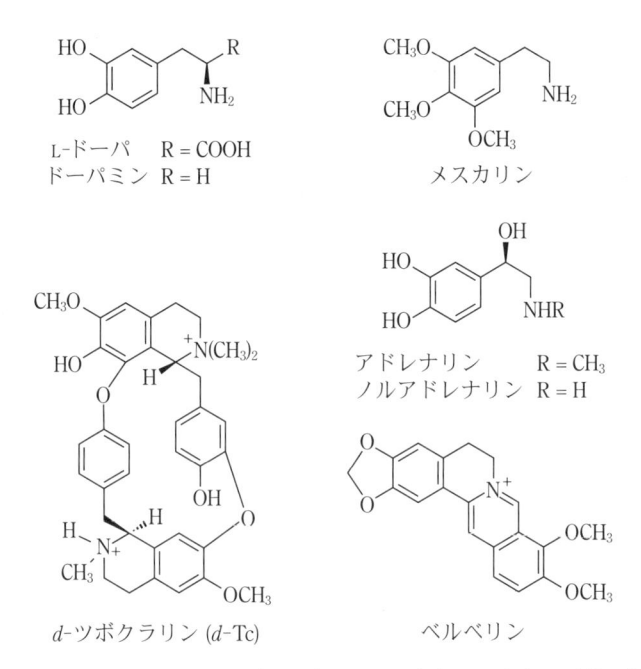

図 4.2　フェニルアラニンおよびチロシン由来のアルカロイドの例

サボテン科のペヨーテ（*Lophophora williamsii* ＝ *Anhalonium williamsii*）は，メキシコおよびアメリカ南部の砂漠に自生する植物である．このサボテンは日本においても鑑賞用に栽培され，ウバタマ（烏羽玉）とよばれる．このサボテンを服用すると幻覚作用があるといわれ，その主成分はメスカリン（mescaline）である．しかし，幻覚作用の現れる量は中毒量に近いという．メスカリンの名は，この化合物を単離したサボテンが"Mescal Buttons"とよばれていたことに由来する．

ヒトの神経伝達物質として重要なドーパミン（3.3.2 項）やアドレナリン（adrenaline），ノルアドレナリン（noradrenaline）もフェニルアラニン，チロシン由来のアルカロイドである．アドレナリンやノルアドレナリンは，エピネフリン（epinephrine）またはノルエピネフリン（norepinephrine）ともよばれる．

甲状腺（thyroid gland）は，気管上部，喉頭の前面にある扁平な H 字状または馬蹄形をした内分泌腺で，ヒトでは 20 〜 23 g である．甲状腺欠損症状に有効な物質を総称して甲状腺ホルモンという．甲状腺ホルモンの主成分として，L-チロキシン（L-thyroxine；L-3, 5, 3′, 5′-tetraiodothyronine）がある．このアルカロイドは分子中にヨウ素を含んだ化合物である．

南米の原住民は吹矢を使って狩をするとき，矢の先に植物由来の毒を塗り，獲物の神経を麻痺させて捕らえる．この毒をクラーレ（curare；現地語で「毒」の意）という．その一種であるツボ（tubo；竹筒の意味）クラーレはツヅラフジ科の *Chondodendron tomentosum* などの樹皮から調製され，その有毒成分は *d*-ツボクラリン（*d*-tubocurarine）と命名されたフェニルアラニン由来のアルカロイドである．

ミカン科のキハダ（*Phellodendron amurense*）の樹皮を採り，コルク層からなる周皮を取り去って乾燥させたものを生薬名としては黄柏とよぶ．黄柏の主成分はアルカロイドのベルベリン（berberine）であり，通常は塩化ベルベリンとして単離される．塩化ベルベリンは整腸剤に配合される．

ケシ科のケシ（*Papaver somniferum*）は，ヨーロッパ東部原産の越年生草本で，アヘン（阿片）およびモルヒネ（morphine）の原料植物として栽培もされている．ケシは代表的な麻薬植物である．ケシは 5 月ごろに茎頂に赤や白，しぼり，八重咲きなどの大きな花をつけ，やがてケシ坊主といわれる大型の果実をつける．アヘンは，このケシ坊主が未熟のうちに果皮に浅く傷をつけて，出てくる白い乳液（まもなく黒く凝固する）をかき取って乾燥させたものである．アヘンの 10 〜

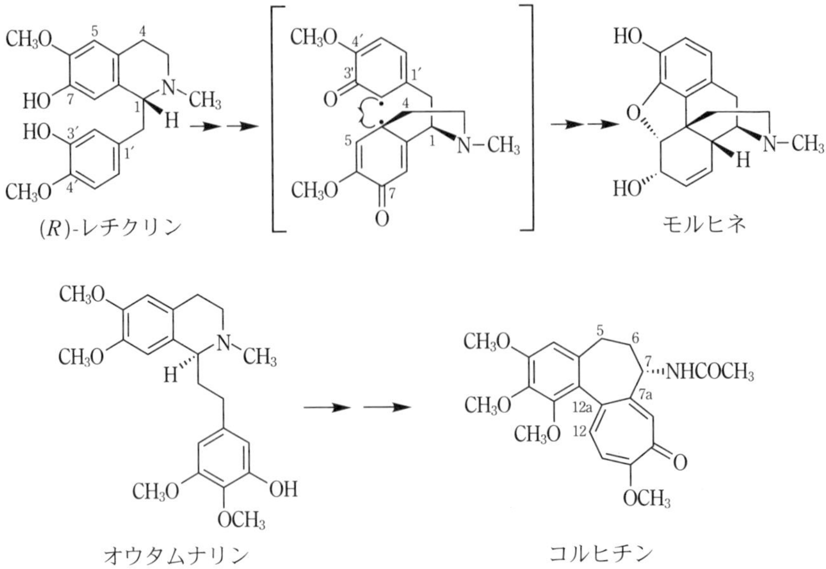

図 4.3 モルヒネおよびコルヒチンの生合成

25％はアルカロイドで，その主成分はモルヒネである．アヘン末の精製によって得られた塩酸モルヒネは，鎮痛，麻酔薬として重要な薬物である．

イヌサフラン（*Colchicum autumnale*）は，ヨーロッパおよび北アフリカ原産のユリ科の多年生草本である．この植物の種子からは，アルカロイドの一種であるコルヒチン（colchicine）が得られる．この化合物には，細胞の有糸分裂を阻害する活性があり，花卉園芸や農業における倍数化体の作製や，種なしスイカの生産などに応用されている．

モルヒネやコルヒチンは複雑な生合成経路を経るが，それぞれ，イソキノリン骨格をもつ (*R*)-レチクリン（reticuline）およびオウタムナリン（autumnaline）を生合成前駆体としている（図 4.3）．

4.2.2 トリプトファン由来のアルカロイド

トリプトファン（tryptophan；Trp）由来のアルカロイドには，医薬品として重要なもの，染料，植物ホルモンなど，興味深い化合物が多い（図 4.4）．また，その大部分は分子内にトリプトファン由来のインドール（indole）骨格を保持して

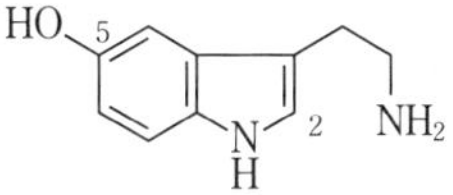

4.2 アルカロイド

セロトニン (5-HT)

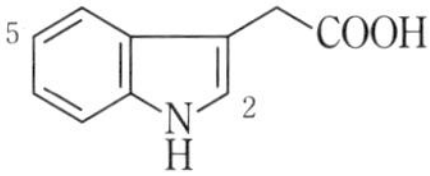

インドール-3-酢酸

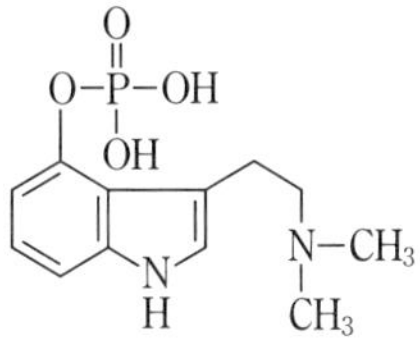

サイロシビン

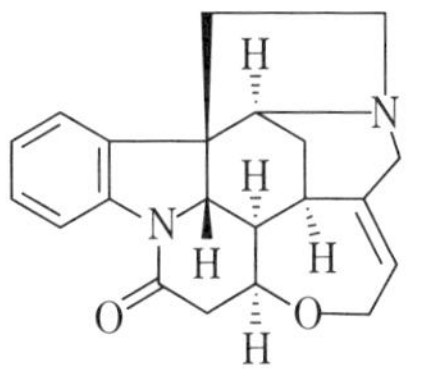

ストリキニーネ

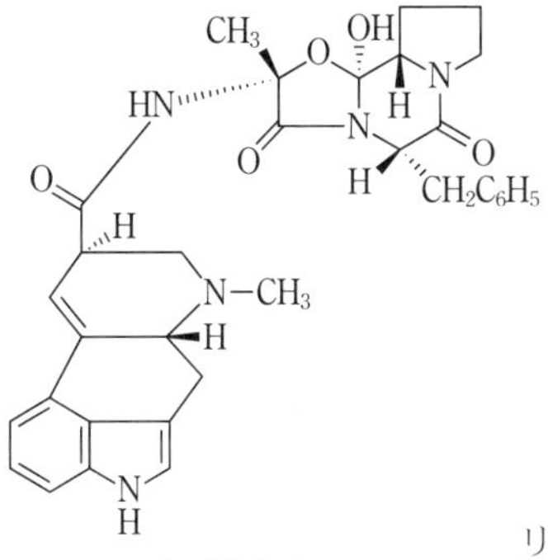

エルゴタミン

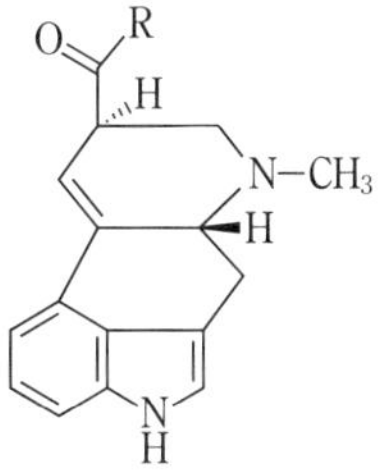

リゼルギン酸　R = OH
LSD　　　　　R = N(C$_2$H$_5$)$_2$

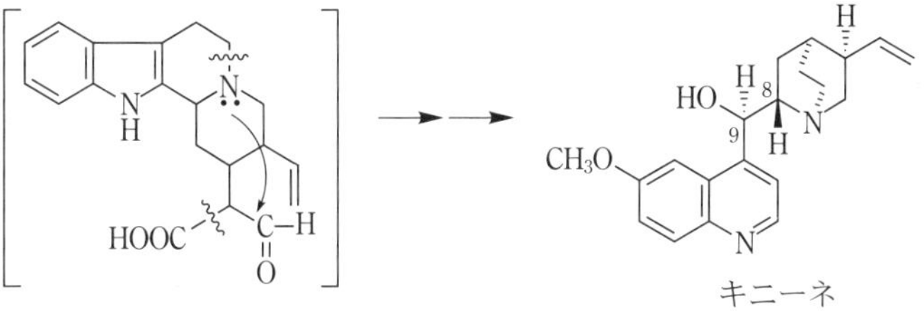

キニーネ

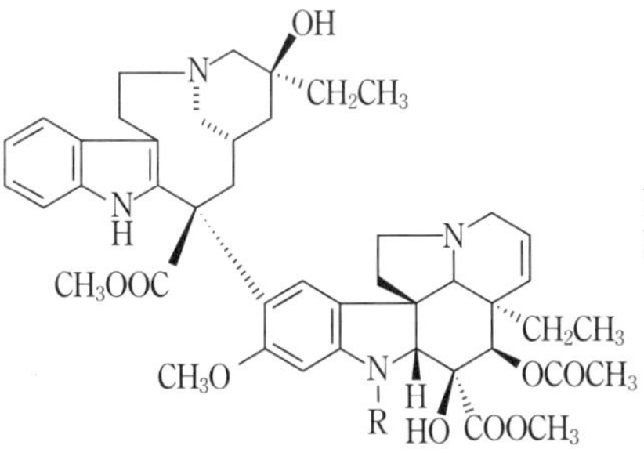

ビンブラスチン　R = CH$_3$
ビンクリスチン　R = CHO

図 4.4　トリプトファン由来のアルカロイドの例

いる．よって，これらのインドール骨格を有するアルカロイドについてはインドール系アルカロイドといわれることもある．

セロトニン（serotonin）は，5-ヒドロキシトリプタミン（5-hydroxytryptamine；5-HT）ともいい，動植物界に広く分布する．セロトニンは神経伝達物質の一つであり，後述のヒスタミン（histamine）などとともに生体アミンともいわれる．また，植物ホルモンの一種であるインドール-3-酢酸（indole-3-acetic acid, indole-β-acetic acid；IAA）も簡単な化学構造を有するトリプトファン由来のアルカロイドの例である．

北米大陸中央部，中米，南米大陸北部，そしてヨーロッパに分布している*Psilocybe*属に属するキノコの幻覚物質であるサイロシビン（psilocybin）もフェニルアラニン由来のアルカロイドである．

マチン科のマチン（*Strychnos nux-vomica*）は，インドやスリランカ，オーストラリア北部などに自生する高木である．その種子を馬銭子あるいはホミカと称し，薬用量で苦味健胃薬とする．馬銭子の主アルカロイドとして，ストリキニーネ（strychnine）が単離されている．ストリキニーネは毒性の強い物質で，ヒトの致死量はストリキニーネ硫酸塩として 0.03～0.1g である．これは馬銭子1粒が致死量に近いことを意味する．このアルカロイドの中毒症状としては，特有の強直性けいれんがあり，このけいれんは間隔をおいてわずかな刺激を与えることによって再び誘発される．

さらに，子嚢菌の一種の麦角菌（*Claviceps purpurea*）がライムギなどに寄生すると，角のような形をした麦角（ergot）と称される菌核が生じる．麦角から得られるアルカロイド類のエルゴタミンなどの母核であるリゼルギン酸から，半合成で得られた化合物に LSD がある．この化合物はリゼルギン酸のジエチルアミド誘導体であり，LSD の名はこの化合物のドイツ語名"Lyserg Säure Diethylamid"の頭文字をとったものである．この化合物は，Sandoz 社のホフマン（Hofmann）によって発見された．しかし，LSD は，別の項でそれぞれ述べるモルヒネおよびモルヒネの化学誘導体のヘロイン，コカイン，さらにエフェドリン誘導体の覚せい剤などとともに，社会問題にまで発展するアルカロイドのひとつとなった．

アカネ科の *Cinchona* 属植物の *C. ledgeriana* および *C. succirubra* は，南米ペルーおよびボリビアにわたるアンデス山中を原産地とする高木である．その幹や枝および根の皮は，抗マラリア薬のキニーネ（quinine）製造の原料となる．キニー

ネは複雑な経路により生合成され，生合成前駆体のトリプトファンの原形をとどめないが，生合成の中間体としてはインドール型アルカロイドを経ている．

キョウチクトウ科のニチニチソウ（*Catharanthus roseus*）の抽出物から単離されたアルカロイドとしてビンブラスチン（vinblastine, vincaleukoblastine；VLB）やビンクリスチン（vincristine；VCR）が得られている．これらの化合物はとくに小児の白血病の治療薬として応用される．

4.2.3 オルニチンおよびアルギニン由来のアルカロイド

アミノ酸のオルニチン（ornithine）は生合成上，すでに述べた塩基性アミノ酸であるアルギニン（arginine）から誘導される化合物である．したがって，両アミノ酸由来のアルカロイドを一括して論じることにする（図 4.5）．

15 世紀末，コロンブス（C. Columbus, 1446 ころ～1506）は，カリブ海の原住民がヨーロッパ人の知らない植物の葉を乾燥させ，巻いて火をつけて吸っているのを目撃した．これがタバコであった．水夫たちは，その植物と使い方を教わり，ヨーロッパへ持ち帰った．16 世紀には，タバコの栽培はヨーロッパ，アフリカ，アジア，そしてオーストラリアにまで広がっていたという．

タバコは，ナス科のタバコ（*Nicotiana tabacum*）の葉を乾燥（このあいだに一種の発酵が起こる）させ加工したもので，当初，ヨーロッパにおいては，頭痛，歯痛や疫病に効果があると信じられていた．しかし現在は，嗜好品として用いられる．タバコには大量のニコチン（nicotine）が含まれる．ニコチンは硫酸ニコチンとして抽出されて，農業用殺虫剤の原料にもなる．ニコチン分子中のピロリジン（pyrrolidine）環部分はオルニチンから生合成されることがわかっている．

ナス科のベラドンナ（*Atropa belladonna*）の葉や根の調製品は，それぞれベラドンナ葉およびベラドンナ根といい，エキス剤あるいは硫酸アトロピン（atropine）の製造原料として薬用に供される．ベラドンナには，アルカロイドとして（－）-ヒヨスチアミン（（－）-hyoscyamine）や（（－）-スコポラミン（（－）-scopolamine）などが含まれる．アトロピンとは，（－）-ヒヨスチアミンのラセミ化物のことで，（－）-ヒヨスチアミンを抽出するあいだに，このアルカロイドの側鎖のトロピン酸（tropic acid）部分が＊印をつけた不斉炭素部分でラセミ化して生じる．

なお，ベラドンナとは「美しい（bella）貴婦人（donna）」という意味である．

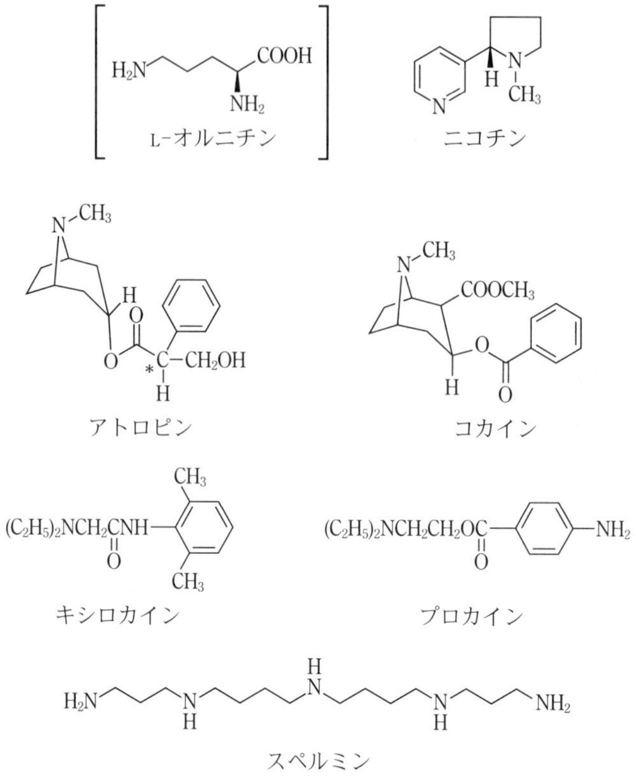

図 4.5 オルニチンおよびアルギニン由来のアルカロイドの例

むかしイタリアの婦人たちは，美眼法の一種として，この植物の抽出物を希釈したものを点眼して瞳孔を拡大させたといわれる．アトロピンはナス科のチョウセンアサガオ (*Datura metal*) やハシリドコロ (*Scopolia japonica*) からも得られる．

コカイン (cocaine) は，南米ボリビアおよびペルーに野生する低木であるコカノキ科，コカノキ属 (*Erythroxylon* または *Erythroxylum*) の *E. coca* あるいは *E. novogranatense* の葉から単離されるアルカロイドである．

コカインは，上述の (−)-ヒヨスチアミンや (−)-スコポラミンなどと同じく，トロパン (tropane) 骨格を基本としている．そのため，コカインや，(−)-ヒヨスチアミン，(−)-スコポラミンなどのアルカロイドはトロパンアルカロイドと総称されることがある．

コカインには局所麻酔作用もある．しかし，その強い向精神作用のために乱用され，さまざまな社会問題をひき起こしている．コカインはむしろ，この面で一般によく知られてしまった．コカインの化学構造式を参考にして化学合成された局所麻酔剤として，キシロカイン（xylocaine）やプロカイン（procaine）がある．キシロカインはとくに歯科領域でよく用いられている．これらの化合物名が「〜カイン」となっているのは，これらの化合物がコカインを参考に化学合成されたことにちなむ．

顕微鏡を発明したことで知られるレーヴェンフック（A. Leeuwenhoek, 1632〜1723）は，さまざまなものを自作の顕微鏡で観察したが，そのなかにはヒトの精液もあった．彼は，精液中におけるスペルミン（spermine）と命名した物質の結晶の存在を1678年に報告している．精液からスペルミンのリン酸塩を結晶として効率よく取り出す方法がはじめて報告されたのは1924年のことであり，その収率は，精製方法によって異なるが，10 mLの精液から13〜28 mgであった．しかし，その化学構造が明らかになったのは1926年のことであり，レーヴェンフックの報告から，じつに250年後のことであった．

4.2.4 リジン由来のアルカロイド

前節に述べたタバコのアルカロイド中，主成分のニコチンが，ニコチン酸（nicotinic acid）にオルニチン由来の5員環のピロリジンが結合しているのに対し，副成分のアナバシン（anabasine）は，リジン由来の6員環のピペリジン（piperidine）が結合した構造を有する（図4.6）．

コショウ科のコショウ（*Piper nigrum*）は，インド原産で，他の木によじ登るつた性の常緑樹である．インド，西インド諸島，南米の各地に栽培される．

和名のコショウ（胡椒）は，トウガラシを蕃椒（ばんしょう）というのと同様に，外国産の椒（山椒）の意味である．いうまでもなく，その果実は香辛料やソースなどの製造に欠くことができない．なお，未熟果を果皮のついたまま調製したものを黒コショウ（black pepper），果穂

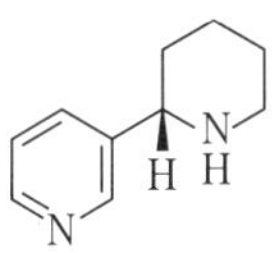

（−）-アナバシン

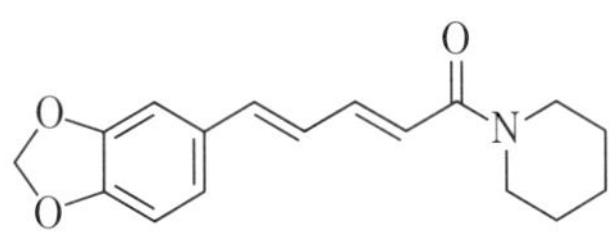

ピペリン

図 4.6 リジン由来のアルカロイドの例

が全部紅熟したころに収穫し，果皮の外部を取り去ったものを白コショウ（white pepper）という．白コショウの辛味は黒コショウより弱いが，芳香はより強い．

コショウの辛味成分として，ピペリン（piperine；$C_{17}H_{19}NO_3$，分子量285）が報告されている．ピペリンはピペリン酸（piperic acid）にリジン由来のピペリジン環がアミド結合した化学構造を有している（図4.6）．

4.2.5 グルタミン酸由来のアルカロイド

グルタミン酸（glutamic acid）を起源とするアルカロイドとしては，アミノ酸の項でも述べた GABA やテアニンのほか，海藻のカイニンソウ由来のカイニン酸（kainic acid），キノコのドクササコ由来のアクロメリン酸（acromelic acid）類，同じくイボテングタケ由来のイボテン酸（ibotenic acid），およびハエトリシメジ由来のトリコロミン酸（tricholomic acid）などがある（図4.7）．

これらの化合物は，アルカロイドというよりもこれまでは広義のアミノ酸とみなされることが多かった．しかし，それぞれ，アミノ酸であるグルタミン酸を窒素由来とする二次代謝物となっていることから，アルカロイドとみなすこともできる．

カイニンソウ（*Digenea simplex*）は，フジマツモ科に属する紅藻類で，マクリともよばれる．わが国では潮岬以南に産し，またインド洋，紅海，地中海，大西洋熱帯部などにも広く分布する．全藻の乾燥品を海人草といい，回虫駆除薬，カ

イボテン酸　　ムシモール　　トリコロミン酸　　カイニン酸

アクロメリン酸A　　アクロメリン酸B

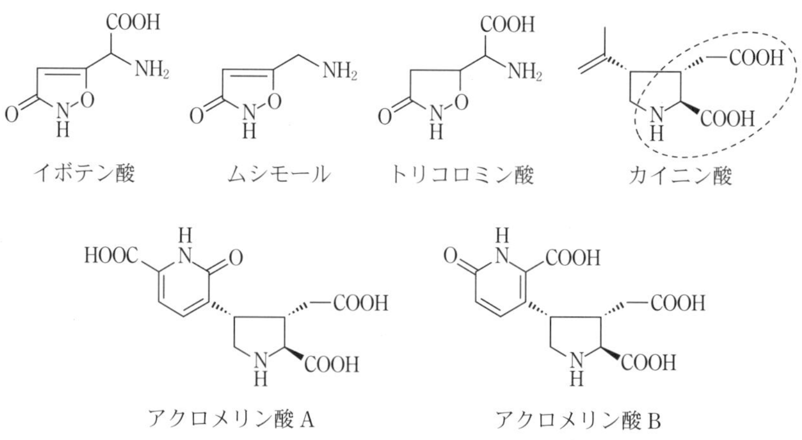

図4.7 グルタミン酸由来のアルカロイド類の例

イニン酸の製造原料とする.

　この生薬は，わが国でも古くから駆虫薬として用いられていたが，その有効成分は長いあいだ不明のままであった．その後，主たる活性成分として，竹本常松(1913～1987)らにより，カイニン酸(L-α-kainic acid)が単離された．カイニン酸には図4.7の破線で囲んだ部分にグルタミン酸が導入されている.

　キシメジ科のドクササコ(*Clitocybe acromelalga*)は別名ヤケドタケともいい，わが国固有の有毒キノコである．平地の竹林やコナラ林に群生し，福井，富山，新潟県を中心とし，北は山形，宮城県から，南は滋賀，京都から和歌山県まで分布している.

　このキノコの毒は恐ろしく，誤食すると食後数時間で不快感を起こし，数日から10日ほど経ると手足の指先に激痛を生じ，これが数十日も続くといわれる．この毒性を表す本体か否かは不明であるが，ドクササコからは極微量の新神経毒アミノ酸であるアクロメリン酸AおよびB(acromelic acid A, B)が単離され，化学構造が決定されている．この化合物もカイニン酸同様，その生合成にはグルタミン酸が導入されていると考えられる.

　テングタケ科に属するイボテングタケ(*Amanita strobiliformis*)やベニテングタケ(*A. muscaria*)には，ハエが摂取することによって死ぬ(殺蠅作用)成分が含まれていることが知られていた．また，ベニテングタケやテングタケ(*A. pantherina*)には，アトロピン(atropine)様の副交感神経興奮作用をきたす作用があるとされていた．その活性成分としては，イボテン酸(ibotenic acid)，および，その脱炭酸化合物であるムシモール(muscimol)が報告されている.

　わが国の東北地方の一部では，上記のキノコ類と同じマツタケ科のハエトリシメジ(*Tricholoma muscarium*)を火で焙ったものをハエ取りに使用する風習があった．その有効成分はトリコロミン酸(tricholomic acid)と命名された一成分であった．この化合物は，イボテン酸のジヒドロ体にあたり，イボテン酸と同様に強力な殺蠅活性がある．また，上記のイボテン酸とともに特有のうま味もある．一方，トリコロミン酸に化学構造的に類似している前述のカイニン酸にも殺蠅作用があることが知られている.

4.2.6　ヒスチジン由来のアルカロイド

　アミノ酸のヒスチジン(histidine)の脱炭酸によって生じるヒスタミン

(histamine) は，動物の組織や血液中に分布し，また腐敗（微生物のはたらき）によっても生じる化合物である．ヒスタミンはヒスチジン由来のもっとも単純なアルカロイドの一種といえる（図4.8）．

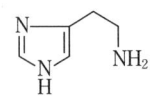

図4.8　ヒスタミンの化学構造

　ヒスチジンを生合成の前駆体とすると考えられるアルカロイドの例は非常に少なく，ここでは，ヒスタミンのみあげておくことにする．この系統のアルカロイドは，その基本骨格にちなみ，イミダゾール（imidazole）系アルカロイドともいわれることがある．

　上述のようにヒスタミンはヒスチジンの脱炭酸によって生じるアルカロイドであるが，この化合物はまた，私たちの体内に恒常的に存在する化合物でもある．そのため，ヒスタミンはドーパミン（4.2.1項）やセロトニン（4.2.2項）などとともに生体アミンとよばれることもある．

　植物からの遊離ヒスタミンの単離報告はあまり多くないが，ヤマゴボウ科の帰化植物でヨウシュヤマゴボウという呼称もあるアメリカヤマゴボウ（*Phytolacca americana*）の根には，乾燥生薬1gあたり1.3〜1.6 mgの大量のヒスタミンが含まれると報告されている．

4.2.7　プリンおよびピリミジン骨格を有するアルカロイド

　DNAやRNAを構成するヌクレオチド（nucleotide），そしてその関連の化合物群は，プリン（purine）またはピリミジン（pyrimidine）塩基を基本骨格としている（図4.9）．DNAやRNA以外のプリンやピリミジン由来の化合物類は，近年

1*H*-プリン　　　　ピリミジン

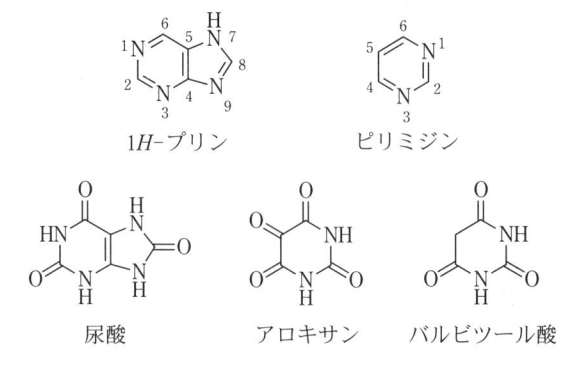

尿酸　　　アロキサン　　バルビツール酸

図4.9　プリンおよびピリミジン骨格と関連アルカロイドの例

は，一般にアルカロイド類として取り扱われている．そこで本書でも，これらの核酸関連化合物はアルカロイドとして取りあげることにした．

DNAのヌクレオチドを構成する塩基はアデニン(adenine)，グアニン(guanine)，シトシン(cytosine)，チミン(thymine)の4種である（図4.10）．これらに五炭糖のデオキシリボース（deoxyribose）が結合して，それぞれ，ヌクレオシドの2′-デオキシアデノシン（2′-deoxyadenosine），2′-デオキシグアノシン（2′-deoxyguanosine），2′-デオキシシチジン（2′-deoxycytidine），2′-デオキシチミジン（2′-deoxythymidine）となる．さらに，これらの化合物の5′位にリン酸が結合したものが，それぞれ，ヌクレオチドの2′-デオキシアデニル酸（2′-deoxyadenylic acid），2′-デオキシグアニル酸（2′-deoxyguanylic acid），2′-デオキシシチジル酸（2′-deoxycytidylic acid）および2′-デオキシチミジル酸（2′-deoxythymidylic acid）となって，これらが互いに結合してDNAを構成することになる．

一方，RNAの場合には，結合する五炭糖がリボース（ribose）となり，塩基として，チミジンの代わりにウラシル（uracil）が入る．DNAやRNAは天然高分子化合物に相当する化合物群でもあるので，その化学構造については第5章に示す．そして，DNAやRNAの構成単位であるこれらの化合物群の化学構造についてもまたあらためて第5章で述べることにする．

これらの塩基部分は，生合成の起源をたどればアミノ酸を骨子としていることがわかっている．しかし，これらの塩基自身が生体において基本的な化合物群となっていることから，本書では，これらの化合物をそれぞれの塩基であるプリンおよびピリミジン由来のアルカロイドとして述べる．

喫茶の風習は世界中のいたるところにみられる．そのなかでも，コーヒーや紅茶，緑茶，ココアは，広く愛飲されている代表的な飲料である．このうち，コーヒーはアカネ科のコーヒーノキ（*Coffea arabica*）の種子から調製し，紅茶や緑茶はツバキ科のチャ（*Thea sinensis*）の葉，そしてココアはアオギリ科のココアノキ（*Theobroma cacao*）の種子（カカオ子）から調製される．これらの飲料には，いずれもプリン誘導体であるカフェイン（caffeine），テオブロミン（theobromine），およびテオフィリン（theophylline）が含まれている．

カフェインやテオフィリンの研究の歴史は古く，いずれも1820年に単離され，19世紀末にはすでに全合成が試みられている．カフェインには軽度の中枢神経興奮作用があり，抑うつされた中枢機能を亢進させ，精神の作業や行動を亢進さ

《核酸を構成する塩基》

アデニン　　　グアニン

シトシン　$R_1 = NH_2$, $R_2 = H$
チミン　　$R_1 = OH$, $R_2 = CH_3$
ウラシル　$R_1 = OH$, $R_2 = H$

《緑茶やコーヒーなどに含まれるアルカロイド類》

キサンチン　　$R_1 = R_2 = R_3 = H$
カフェイン　　$R_1 = R_2 = R_3 = CH_3$
テオブロミン　$R_1 = H$, $R_2 = R_3 = CH_3$
テオフィリン　$R_1 = R_2 = CH_3$, $R_3 = H$

《プリン骨格を有する他のアルカロイドの例》

サイクリック AMP

5′-イノシン酸 (IMP)

アデノシン三リン酸 (ATP)

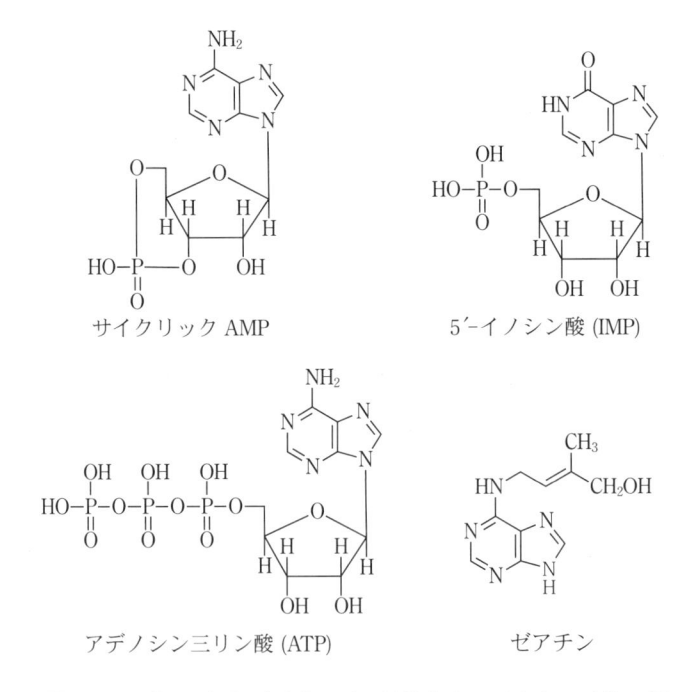

ゼアチン

図 4.10　プリンおよびピリミジン骨格由来のアルカロイドの例

せたり，抑うつ状態を改善させたりする作用を有する．カフェインやテオフィリンの基本骨格を構築するキサンチンは，プリン骨格を有している．

なお，プリン骨格を有する天然有機化合物のなかには尿酸（uric acid）もあり（図4.9），この化合物の酸化によって，ピリミジン骨格を有するアロキサン（alloxan）が得られている．この報告も古く，1818年のことである．のちにアロキサンには実験的に高血糖をひき起こす活性があることがわかり，研究に応用されている．

さらに，ピリミジン骨格を有する化合物の中には各種の鎮静・睡眠薬の基本骨格となっているバルビツール酸（barbituric acid）もある（図4.9）．

アデニンにD-リボースがN配糖体として結合したものがアデノシンである．そして，このアデノシンの糖の5′位にリン酸基が3個結合したものが，アデノシン三リン酸（adenosine triphosphate；ATP，図4.10）であり，エネルギーに富んだ化合物である．ATPが加水分解してリン酸1分子が放出され，アデノシン二リン酸（adenosine diphosphate；ADP）となる際にエネルギーが生じる．

また，アデノシン誘導体中，サイクリック3′,5′-アデノシン一リン酸（cyclic 3′,5′-adenosine monophosphate；サイクリックAMP，cAMPともいう）は，大部分の動物細胞中に存在する重要な化合物である．cAMPはATPからつくられ，その反応はアデニル酸シクラーゼ（adenylate cyclase）によって触媒される．

上記以外のプリン誘導体として，かつお節のうま味成分として知られているイノシン酸（5′-inosinic acid；IMP）や，細胞分裂を促進する作用のあるゼアチン（zeatin）がある．

イノシン酸は，古くリービッヒ（J. F. von Liebig；p.21参照）によって発見され，1847年にはすでにこの化合物について，うま味に相当する味のあることが指摘されていたという．一方，ゼアチンは，イネ科のトウモロコシ（*Zea mays*）の未熟種子から，天然に産するサイトカイニン（細胞分裂促進）作用を有する化合物として最初に単離された．

なお，シイタケ（*Lentinus edodes*）のうま味成分はイノシン酸類縁のグアニル酸（GMP）であることが知られている．

一方，プリン骨格を有するアルカロイドに対して，ピリミジン骨格を有するシトシン，チミンおよびウラシル関連のアルカロイドは，核酸の構成単位として存在しているほかには，天然物としてはあまりみられない．

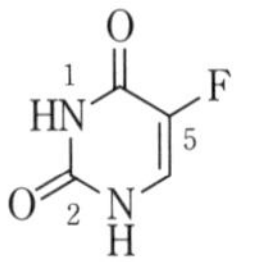

5-フルオロウラシル (5-FU) 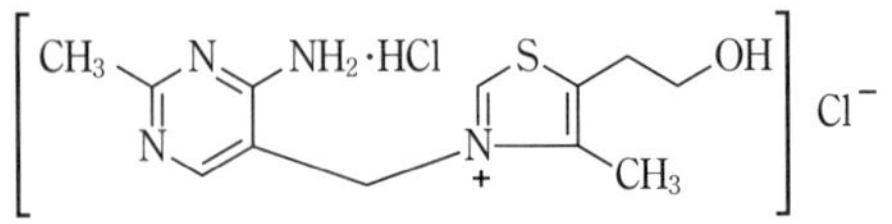　　　　チアミン塩酸塩（ビタミンB$_1$）

図4.11 ピリミジン骨格をもつアルカロイドの例

　化学合成された抗癌剤として，ピリミジン誘導体の5-フルオロウラシル（5-fluorouracil；5-FU）が知られている（図4.11）．この化合物は1956年に合成され，その後，その抗腫瘍性が報告されている．5-FUは，生合成の過程で核酸のピリミジン塩基の代わりに核酸の生合成経路に入り込み，癌細胞の核酸の生合成を阻害することによって，抗癌性を示す．

　脚気（beri-beri）は，現在はピリミジン誘導体であるビタミンB$_1$の欠乏によって起こる栄養欠乏症の一つであると解明されている．しかし，脚気とは，かつては脚気衝心（脚気に伴う急性の心臓障害）して死に至る原因不明の大変恐れられた病であった．

　1910年冬の東京化学会において，鈴木梅太郎（1874〜1943）らは米ぬかからニワトリの多発性神経炎に有効な成分を単離し，beri-beriに対抗するという意味でアベリ酸（aberic acid）と命名した物質を分離したことを報告した．この物質は1912年には米ぬかの原料であるイネの学名 *Oryza sativa* にちなんでオリザニン（oryzanin）という名称に改められて報告されている．

　一方，フンク（C. Funk, 1884〜1967）らは，ロンドンのLister研究所において，米ぬかから鳥類白米病に対する有効物質を得，その成分がビール酵母にも含まれていることを発見した．この有効成分は窒素を含み，塩基性を呈することから一種のアミン（amine）であると考えられ，生命に（vital）必要なアミンという意味で，ビタミン（vitamine）と命名された（1911年）．これは結局，鈴木らと同一の物質の発見であり，しかも鈴木らの東京での発表はフンクらに先んじていた．しかし，現在，国際的にはフンクらの業績のみが残っている．なお，鈴木やフンクらの分離したものはまだ純粋なものではなかった．

　後に酵母から得られたこの物質の結晶（塩酸塩）を使って研究が行われた結果，このビタミンB$_1$塩酸塩の化学構造が明らかとされた（図4.11）．ビタミンB$_1$はチアミン（thiamine）ともよばれる．ビタミンB$_1$の正確な化学構造式を世界で最

初に提出したのは日本人の牧野 堅(まきのかたし)（1907～1990）らである．これまた記載されることは少ないが，牧野らは前述の ATP の化学構造式も世界に先がけて発表している．

なお，その後，種々の微量不可欠因子（ビタミン）の存在が明らかになるにつれ，これらをビタミン A，B，C…とよぶことが提唱された．ビタミンという呼び名は，上述のように当初生命に必要な塩基性物質（アミン）ということでつくられたものである．しかし，これらの微量不可欠因子は必ずしもアミン類だけではないことがわかってきたので，塩基性物質（amine）という意味を除くため，"vitamine"の語尾の"e"を除いて"vitamin"と称することになった．これが"vitamin B_1"という名称の起源である．

4.2.8 テルペノイド骨格を有するアルカロイド

イソペンテニルピロリン酸（isopentenyl pyrophosphate；IPP）が異性化して，ジメチルアリルピロリン酸（dimethylallyl pyrophosphate；DMAPP）となって生成した C_5 ユニットを生合成の基本ユニットとする化合物群をテルペノイド（terpenoid）またはイソプレノイド（isoprenoid）ということは 3.5 節で述べた．

そして，テルペノイドが，生合成のいずれかの場面で窒素を（アミンあるいはアンモニアなどの形で）分子中に取り込んで生成したのが，ここに述べるアルカロイド群である．これらのアルカロイドの窒素の起源は，ここまでに述べてきたアルカロイドのように，アミノ酸が直接導入された結果としてではないところに大きな特徴がある．

これらのアルカロイドは，母体となるテルペノイドの大きさにより，C_5 ユニットを基本とするヘミテルペノイド（hemiterpenoid）アルカロイド，C_{10} ユニットを基本とするモノテルペノイド（monoterpenoid）アルカロイド，C_{15} ユニットを基本とするセスキテルペノイド（sesquiterpenoid）アルカロイド，C_{20} ユニットを基本とするジテルペノイド（diterpenoid）アルカロイドなどに分類することもできる．この分類法によれば，この項に述べるアコニチン（aconitine）はジテルペノイドアルカロイド，ソラニン（solanine）は C_{30} ユニットを基本とするトリテルペノイドアルカロイドに分類される（図 4.12）．

キンポウゲ科のトリカブト属（*Aconitum*）植物は，北半球の亜寒帯や温帯に広く分布する．すなわち，アジア，ヨーロッパ文化圏の大部分で，この属の植物が

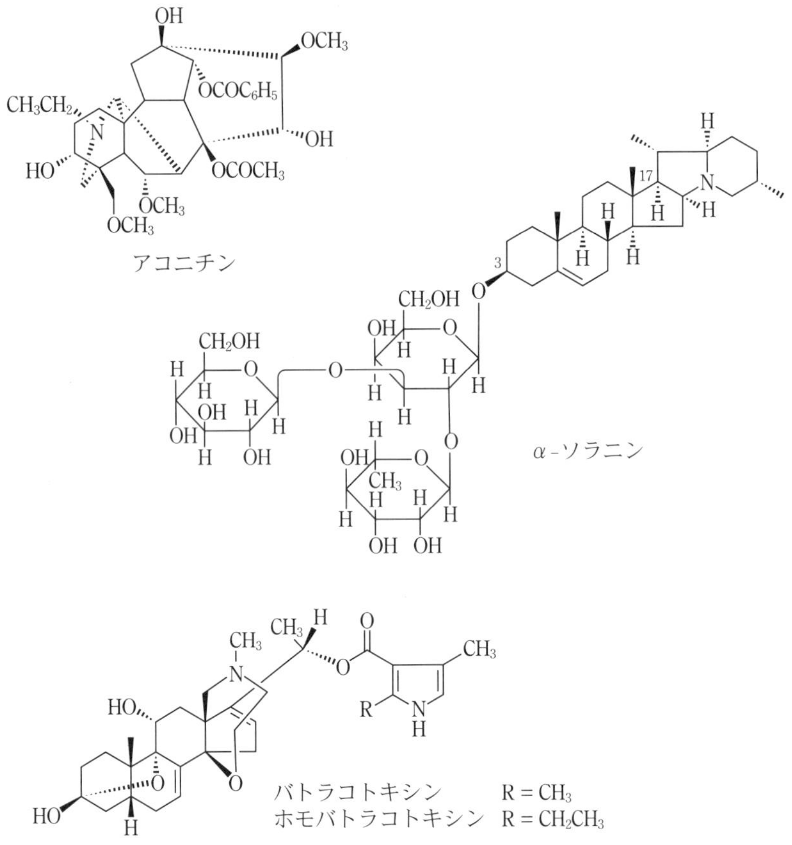

図 4.12 テルペノイドを基本骨格とするアルカロイドの例

　生育していることになる．そして，トリカブト属植物の塊根が猛毒であることは太古の時代から人々のよく知るところであった．よって毒物としてあるいは薬物として，トリカブト属植物は文化史的にさまざまな挿話を残してきた．

　トリカブトに含まれるアルカロイドの研究は，古く19世紀初頭に開始され，1833年には *A. napellus* からアコニチンが単離されている．また，日本産のトリカブトに関しては，1882年の下山順一郎の報告に始まり，1950年代には平面構造式が与えられる段階に至った．

　アコニチン系アルカロイドは，動物実験において呼吸中枢麻痺，心伝導障害の惹起，循環系の麻痺，知覚および運動神経の麻痺などの作用を示す．

ナス科のジャガイモ（*Solanum tuberosum*）の新芽には有毒成分を含み，ソラニンと命名された．その後，ソラニンは6つの成分，すなわち，α-，β-，γ-ソラニンとα-，β-，γ-チャコニン（chaconine）に分けられることがわかった．これら6つの化合物はいずれも共通のアグリコンとしてソラニジン（solanidine）を有し，ステロイド系アルカロイドである．これらの各アルカロイドの化学構造のちがいは糖部分にある．図4.12にα-ソラニンの化学構造式を示した．

南米にはコーコイ（"kokoi"; *Phyllobates aurotaenia*）というカエルが棲息しており，皮膚から有毒物質を分泌する．原住民はその分泌物を矢毒として用いていたが，その有毒物質が米国の国立衛生研究所（NIH）で研究された．そして，1969年に至り，主たる有毒成分としてバトラコトキシン（batrachotoxin）が報告された．この化合物の生合成経路についての報告はないが，ステロイド系化合物に窒素が取り込まれた形を有している（図4.12）．また，側鎖にもピロール-3-カルボン酸誘導体として窒素が導入されている．バトラコトキシンのLD_{50}値は$2\ \mu g/kg$（マウス皮下注）であり，きわめて毒性が高い．

一方，ニューギニアに棲息する鳥類のなかに，羽根，皮膚，筋肉などに有毒物質を含むものがあることが知られていた．近年，その有毒物質として，上述のカエルからバトラコトキシンの副成分としてすでに単離報告されていたホモバトラコトキシン（homobatrachotoxin）が得られた．世界ではじめての鳥類からの有毒成分の単離報告例である．なお，ホモバトラコトキシンのマウスに対するLD_{50}値は$3\ \mu g/kg$（マウス皮下注）と報告されている．この毒鳥の有するホモバトラコトキシンの由来については，毒鳥自身が作り出しているのか，あるいは，ほかから取り入れているのか不明である．

4.2.9 ポリケチド由来のアルカロイド

アルカロイドのなかには，その窒素の起源が，アミノ酸をC-N結合を保ったまま基本骨格中に取り込んだのではないものがある．前項に述べたテルペノイドを基本骨格とするアルカロイドや，この項で述べるドクニンジン由来のコニイン（coniine）などはその例である．

この項で述べるアルカロイドは，基本骨格は3.1節で述べた脂肪酸と同様にポリケチド由来で生合成され，窒素はこの骨格に別途に取り込まれている．ポリケチド由来の化合物は，C_2ユニットのアセチルCoA（acetyl CoA），またはマロニル

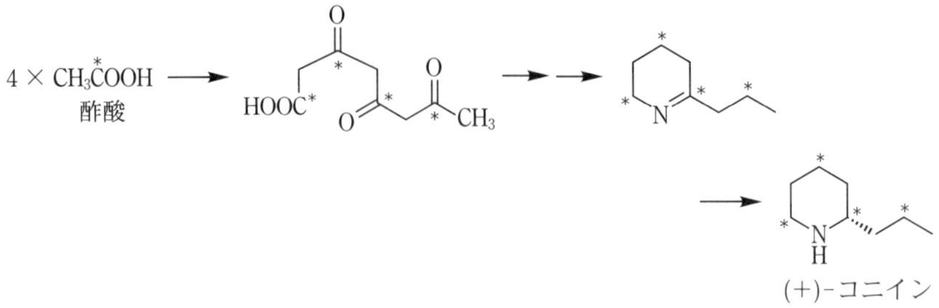

図 4.13 ドクニンジンの有毒成分とその生合成経路

CoA（malonyl CoA；脱炭酸を伴う）や C_3 ユニットのプロピオニル CoA（propionyl CoA）などが生合成前駆体に取り込まれて互いに結合し，生成する．

ポリケチド由来の部分構造を有するアルカロイドには，この項で述べる化合物群以外にも，ヒヨスチアミンなどの例もある．しかし，たとえばヒヨスチアミンにおいては，アミノ酸のオルニチン由来の基本骨格部分にポリケチド由来の部分構造が付随する形となっているので，アミノ酸のオルニチンおよびアルギニン由来のアルカロイドを扱った 4.2.3 項で述べた．

セリ科のドクニンジン（*Conium maculatum*）は越年草で，別名 "hemlock plant" ともいわれる．その種子をはじめとする全草に強い毒があり，古代ギリシャでは罪人（おもに今でいう政治犯）の処刑に用いられた．紀元前 399 年にソクラテス（Socrates，470〜399 B.C.）がドクニンジンの抽出エキスによって処刑されたのは有名な話である．

この植物の主たる毒成分である (+)-コニイン（(+)-coniine）は 1827 年に単離されており，1886 年にはその分子式（$C_8H_{17}N$）が導き出された．この化合物は放射性同位元素（^{14}C）で標識された酢酸分子の取込み実験により，酢酸分子が 4 分子導入されて生合成されていることがわかっており，ポリケチド類に分類されている．図 4.13 において，＊印が炭素の放射性同位元素で標識された位置を示す．

4.2.10 C_6-C_1 由来の化合物

マオウ科のマオウ属（*Ephedra*）植物から単離されたエフェドリン（ephedrine）は，C_6-C_2-N の部分構造を有している．そして，エフェドリン類の化学構造は，幻覚物質であるメスカリン（mescaline）類に似ていることから，一見，その生

合成もメスカリン同様，アミノ酸のフェニルアラニンを起源としているように思わせる．したがって，近年まで，この化合物はアミノ酸のフェニルアラニン（phenylalanine）由来のアルカロイドであると推定されていた．しかし，その後の研究で，エフェドリンには，フェニルアラニンよりも C_6-C_1 型の安息香酸やベンズアルデヒド（2.4.1 項）のほうが効率よく生合成前駆体として取り込まれることが明らかとなった．すなわち，エフェドリン類の C_6-C_1 部と，この部分構造に結合している $C_2{}^+N$ ユニットの起源は別個であり，たとえフェニルアラニンがその化学構造に導入されたとしても，そのままの形で導入されているものではないと結論づけられた．

また，カプサイシン類の生合成には，研究の結果，フェニルアラニンやチロシンも取り込まれることがわかったものの，これらの導入されたアミノ酸の C-N 結合は切れている．その一方で，この化合物には C_6-C_1 ユニットが比較的効率よく導入されることが，その後の研究で明らかとなった．

漢薬である麻黄は，中国に自生するマオウ科のマオウ属植物の *E. equisetina*, *E. distachya*, *E. sinica* などの地上部を起源とし，漢方では古来，発汗，鎮咳，解熱薬として用いられる．麻黄は各種漢方方剤に配合されるほか，塩酸エフェドリン（鎮咳薬）の製造原料とする．なお，マオウ属植物の節部および地下部は，地上部と作用相反するものとして止汗薬とされる．

生薬である麻黄からは，主成分としてエフェドリン（ephedrine）系アルカロイドが単離されている．すなわち，(−)-エフェドリン（(−)-ephedrine），(−)-ノルエフェドリン（(−)-norephedrine），(+)-プソイドエフェドリン（(+)-pseudoephedrine）および (+)-ノルプソイドエフェドリン（(+)-norpseudoephedrine）などである．これらの化合物中，プソイド体はそれぞれ対応する化合物の立体異性体である．

麻黄の成分研究は，明治年間に東京衛生試験所技手の山科元忠によって進められていたが，山科は不運にも急死した．エフェドリンの最初の報告は明治 18 (1885) 年 7 月 17 日の長井長義による日本薬学会における講演発表であった．しかし，エフェドリンが文献に最初に現れるのは明治 25 (1892) 年になってからである (p.20 参照)．この化合物については，その後，海外の研究者によって気管支喘息に有効であることが発見された．エフェドリンはいわゆる交感神経興奮薬に属し，その作用は本質的に前出のアドレナリン（adrenaline, epinephrine）に類似

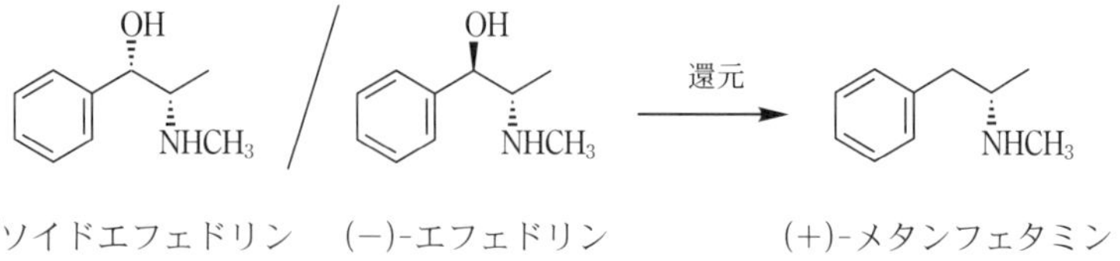

(+)-プソイドエフェドリン　(−)-エフェドリン　　　　　　(+)-メタンフェタミン

図 4.14 （−)-エフェドリンからメタンフェタミンへの変換反応

しているが，活性ははるかに弱い．

　エフェドリン類から得られる化学誘導体の一つに，覚せい剤のメタンフェタミンがある．すなわち，(+)-プソイドエフェドリンまたは(−)-エフェドリンを還元すれば，(+)-メタンフェタミン((+)- methamphetamine) が得られる．

　メタンフェタミンはヒロポンともよばれ，他の項で述べたモルヒネやヘロイン，LSD，コカインなどとともに，現在，日本において種々の社会問題をひき起こしているアルカロイドである．なお，ヒロポンの語源はギリシャ語の"philopons"で，「仕事を好む」という意味である．

　ナス科のトウガラシ（*Capsicum annuum*）は南アメリカ原産といわれ，熱帯から温帯に広く栽培される．コロンブスによって 1494 年にスペインにもたらされ，急速に各地に広まり，日本には 1542 年にポルトガルから伝えられた．現在，韓国では大量のトウガラシが消費されているが，もともとのトウガラシの朝鮮半島への伝播は日本からであるという．トウガラシまたはその変品種の成熟果実は，香辛料あるいは香辛料原料として大量に用いられる（七味唐辛子や辣油（ラーユ）など）．また，トウガラシは，蕃椒（ばんしょう）という生薬名で，辛味性健胃薬として，あるいはそのチンキ剤，エキスなどを軟膏に和して引赤薬とする．

　蕃椒の辛味成分として，カプサイシン（capsaicin）が 1876 年に単離報告されている．一方，カプサイシンの生合成についての研究報告によれば，バニリルアミン（vanillylamine）が比較的よく取り込まれることがわかった．しかし，バニリルアミンの窒素が，最終生成物であるカプサイシン誘導体にまで保持されているのか否かは不明である．一方，この化合物の生合成前駆体としてたとえフェニルアラニンが導入されているとしても，C-N 結合がその結合を保ったまま導入されているものでないことは明らかである（図 4.15）．

　トウガラシの基原植物には，カプサイシン含量が 0.2〜0.3% である上記の *C. annuum* のほか，アフリカトウガラシ（African chillies）とよばれる，より辛味の

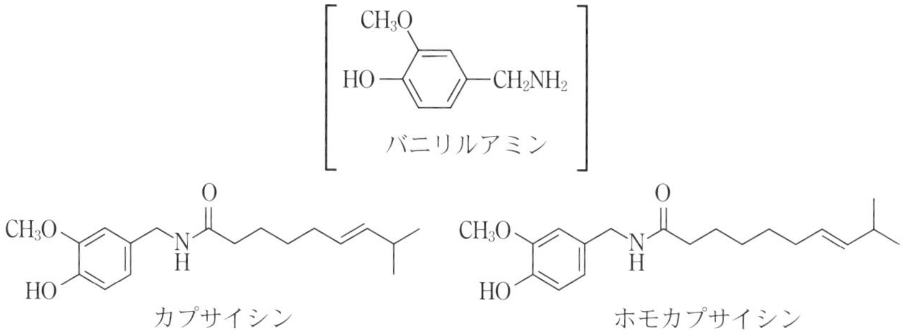

図 4.15 カプサイシンおよび関連化合物の化学構造

強いものがある．その基原植物は *C. frutescens* であり，そのカプサイシン含量は 0.6 〜 0.9％に達するという．

トウガラシの辛味成分の 90％は果皮中に含まれ，10％は種子に含まれる．その辛味成分としては，主成分のカプサイシン（69%）のほか，微量成分として，ジヒドロカプサイシン（22%），ノルジヒドロカプサイシン（7%），ホモカプサイシン（1%），ホモジヒドロカプサイシン（1%）が知られている．

4.3 そ の 他

β-D-グルコサミンやβ-D-ガラクトサミンのようなアミノ糖（図4.16）も分子中に窒素を含む化合物であるが，これについてはすでに第3章（3.2.3 項）で述べた．

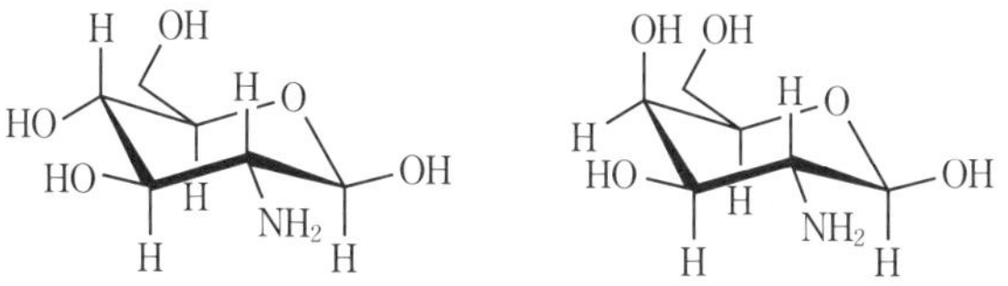

β-D-グルコサミン　　β-D-ガラクトサミン

図 4.16 アミノ糖の例

コ●ラ●ム

向精神薬と私たち

　前章のコラムで述べた染料の場合とは逆に，向精神薬のほうは，大麻（*Cannabis sativa*）由来のΔ^9-テトラヒドロカンナビノール（Δ^9-tetrahydrocannabinol；THC）のような例外を除いて，多くは含窒素化合物で，メスカリンやモルヒネ（4.2.1項）もコカイン（4.2.3項）もLSD（4.2.2項）も，そしてメタンフェタミン（4.2.10項）もアルカロイドに分類される．

　ヘロイン（heroin）はモルヒネをアセチル化して得られるが，作用が急激で毒性が強く，モルヒネをはるかに上回る耽溺性をもつため，医療には使われない．

　覚せい剤として上記のメタンフェタミンとアンフェタミンが知られていた．しかし近年，アダム（adam）やイブ（eve），ラブ（love）などとよばれる覚せい剤類縁の合成化合物も出回っている．このうち，アダムは，3′,4′-メチレンジオキシメタンフェタミンの頭文字をとったMDMAをもじって命名されたものらしい．ただ，いかにソフトな名前をもっていようが，これらが覚せい剤と同じ仲間であることは，その化学構造をみれば一目瞭然である．

　向精神薬のなかには，服用しても直接に生命を脅かす危険性は少ないが，通常の生活を不可能にしてしまう性質のある化合物がある．これらの化合物は，私たちに，この世の中に存在する有機化合物を人類の幸福のためにいかに使うべきかを常に問いかけている気がする．

モルヒネ　R = H
ヘロイン　R = COCH$_3$

Δ^9-テトラヒドロカンナビノール

メタンフェタミン　R = CH$_3$
アンフェタミン　　R = H

アダム（MDMA）　R = CH$_3$
イブ（MDEA）　　R = CH$_2$CH$_3$
ラブ（MDA）　　　R = H

第5章
有機高分子化合物

5.0 はじめに

　有機高分子化合物とは，ある種の低分子の有機化合物が多数結合して（これを重合という）巨大分子となったものの総称である．私たちの身のまわりには多くの種類の有機高分子化合物が存在する．これらの有機高分子化合物は天然に存在するもの（天然有機高分子化合物）と化学合成されたもの（合成有機高分子化合物）とに分けられるので，以下にそれぞれについてまず説明する．

　天然の有機高分子化合物の例としては，タンパク質や多糖類，漆（うるし），絹，綿，弾性ゴム，そして DNA や RNA などがある．

　このなかで，グルコースからなる多糖類や弾性ゴムは，分子内に窒素を含まない天然有機高分子化合物の例である．単糖類のグルコースが多数結合することにより，デンプンや和紙，綿の繊維が成り立っている．単糖類についてはその概略を 3.2 節で述べた．一方，弾性ゴムはイソプレンユニットともよばれる C_5 ユニットが多数結合して高分子化合物となったものである．C_5 ユニットはテルペノイドまたはイソプレノイドとよばれる化合物群の構成ユニットでもある．テルペノイドについては 3.5 節にすでにその概略を述べた．

　漆（Japanese lacquer）および漆塗り製品（japan）は，天然有機高分子化合物およびその応用品としては特異な性質をもっている．すなわち，漆はウルシ科のウルシ（*Rhus verniciflua*）の樹液として得られ，はじめは単体のウルシオール（urushiol）と総称される低分子の有機化合物として存在しているが，塗布後に酵

素のはたらきで重合反応を起こして有機高分子化合物となり，堅牢な漆塗りとなるのである．ウルシオールも分子内に窒素原子をもたない化合物である．

一方，タンパク質やDNA，RNA，そしてアミノ糖を基本骨格とする多糖類は，分子内に窒素を含む天然有機高分子化合物である．前章ですでに概略を述べたように，タンパク質は多数のアミノ酸がペプチド結合して生成したものである．絹糸や羊毛，私たちの毛髪などはタンパク質を主成分とする．また，インスリン（insulin）などの各種の酵素も多数のアミノ酸が結合して生成したものである．他方，アミノ糖を基本骨格とする多糖類の例としてヘパリンがある．さらに，DNAやRNAは遺伝にかかわる重要な役割を担っているが，これらは，多数のヌクレオチドが結合（重合）してできたものである．ヌクレオチドの基本骨格となっているプリン，ピリミジンと関連化合物については4.2.7項で概略を述べた．

以上，天然に存在する高分子化合物について概略を述べたが，20世紀の中ごろから，合成樹脂（プラスチック，plastic）や合成繊維などの名称で私たちの生活の場に合成有機高分子化合物が登場し始めた．合成樹脂とは，化学合成された樹脂で，最終状態で固体であり，一定の強さをもち，望む形に成形される性質をもつものをいう．そして，この望む形に成形される性質を可塑性（plasticity）という．合成樹脂と材料が同じでも，繊維の形態としたものを合成繊維という．たとえば，ペットボトルの材料のペット（PET；ポリエチレンテレフタラート）とポリエステル繊維とは化学的にはまったく同じものである．

現代の私たちの日常には実にさまざまな合成樹脂がかかわり合っており，合成樹脂がなければ近代的な生活を営むことは不可能といってよい．たとえば，21世紀を迎えたばかりの2001年の日本では，ポリエチレン製の買い物袋（レジ袋）を年間280億枚，重さにして約30万トンを使ったという．

5.1 漆——重合により生成する堅牢な塗装

漆は，植物の樹液の形で得たときにはウルシオール（urushiol）と総称される低分子の有機化合物である．しかし，これを木材などに塗布すると，酵素の助けによって重合して有機高分子化合物となり，きわめて丈夫な塗膜をつくる．このように，漆は天然に存在するときは低分子化合物で，加工に際して高分子化合物に変化する性質を有する（図5.1）．よって，この章で述べる化合物のなかでは

5.1 漆

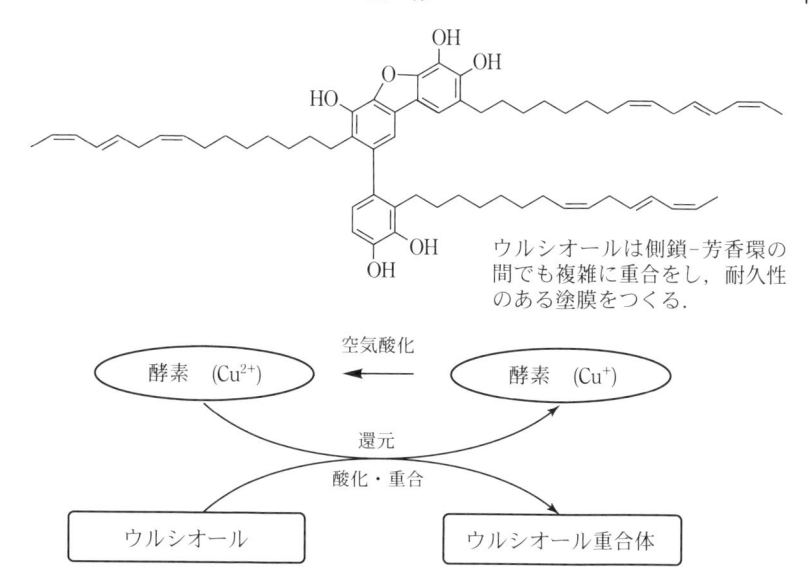

ウルシオールは側鎖-芳香環の間でも複雑に重合をし，耐久性のある塗膜をつくる．

図 5.1 ウルシオール重合のしくみ

少々変わった素材である．

　日本では青森市の三内丸山遺跡から約5000年も前の漆製品が出土しており，その歴史の古さがわかる．また，津軽塗り，輪島塗り，会津塗りなど，各地に独特の漆器があり，各種の食器やテーブル，手文庫などの漆塗り製品がある．また，神社仏閣や神輿，仏壇などの細工にも多用される．岩手県平泉にある金色堂は近年，修繕がなされたが，もともとは平安時代に建造されたものである．ここでも大変すばらしい漆細工を見ることができる．漆器のことを英語で"japan"ということでもわかるように，漆製品は私たちには大変馴染み深いものである．

　さて，漆塗りの主役となるウルシオールの主成分は漆の産地によって異なる．図 5.2 をみていただきたい．そこには，(1)日本・中国・韓国産，(2)タイ・ビルマ・カンボジア産，そして，(3)台湾・ベトナム産の漆のウルシオール主成分が示してある．いずれも，基本骨格として，ベンゼン環に2つのヒドロキシ基が隣り合って結合していることと，さらにその隣に長い直鎖の置換基が結合していることは共通である．ただし，これらの長い直鎖の置換基に違いがあり，(1)および(2)では炭素数15，(3)では炭素数17の置換基が結合しているものが主成分となっている．また，(1)と(2)の主成分では二重結合の位置と結合様式 (E, Z) が

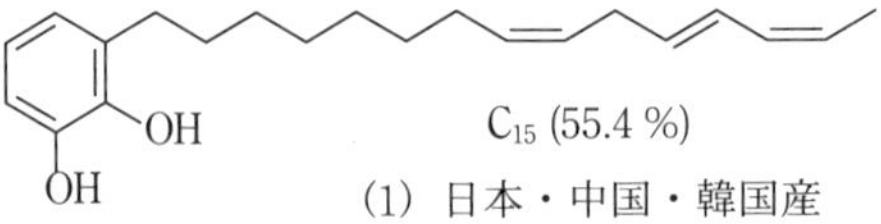

(1) 日本・中国・韓国産　C_{15} (55.4 %)

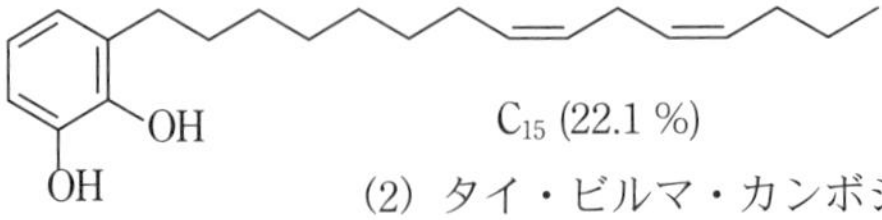

(2) タイ・ビルマ・カンボジア産　C_{15} (22.1 %)

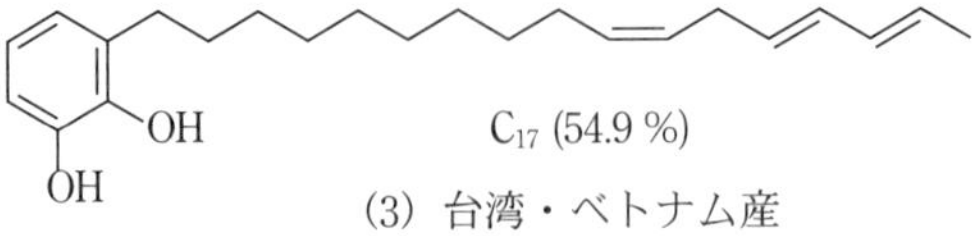

(3) 台湾・ベトナム産　C_{17} (54.9 %)

図 5.2　各国産漆の主成分の化学構造

異なっている．

なお，(1) の原料となる植物は上述のようにウルシ（*Rhus verniciflua*）であるが，(2) および (3) の原料植物はそれぞれ，ウルシ科の *Melanorrhoea usitata* および *R. succedanea* である．

5.2　多糖類——単糖類の重合により生成する高分子

多糖類は多数の単糖が結合して生じた高分子化合物である．グリカン（glycan）ということもある．多糖類は天然に広く存在し，さまざまな役割を担っている．たとえば，セルロース（cellulose）およびキチン（chitin）は，それぞれ植物および甲殻類などの構造組織体の大部分をしめている．また，動植物のエネルギー貯蔵物質であるグリコーゲン（glycogen）やデンプン（starch）も多糖類である．

多糖類のうち，1種類の単糖のみから構成されているものをホモ多糖（homoglycan）類という．ただし，グルコースだけからなるホモ多糖類でも，結合の仕方（α結合やβ結合）や結合位置の違い（1→4結合や1→6結合など），結合しているグルコースの数などによって，セルロースやアミロース（amylose），デンプン（これらはいずれも1→4結合からなる）など種々の性状の異なった有機高分子化合物となる（図5.3）．一方，ヘパリン（heparin）のように2種類以上の糖からなる多糖類をヘテロ多糖（heteroglycan）類という．

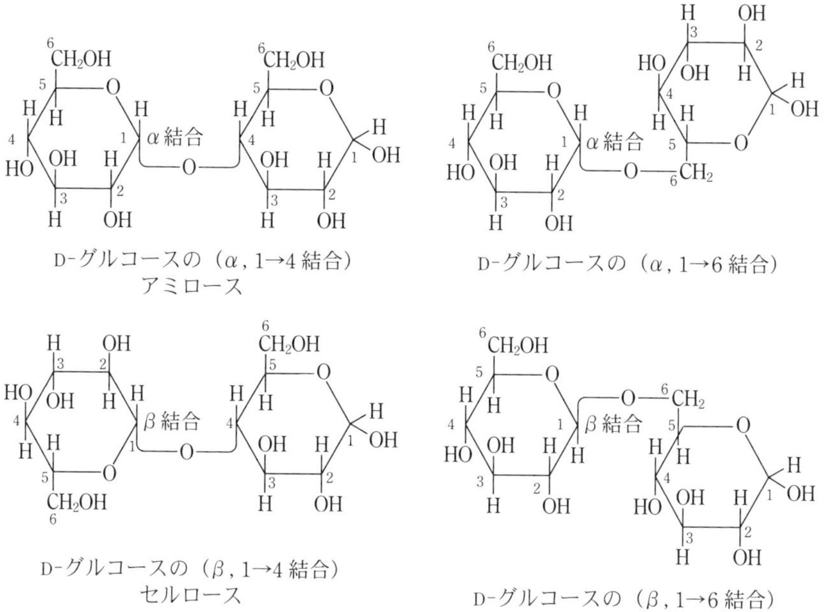

5.2 多糖類

D-グルコースの（α,1→4結合）
アミロース

D-グルコースの（α,1→6結合）

D-グルコースの（β,1→4結合）
セルロース

D-グルコースの（β,1→6結合）

図5.3 グルコースの2量体の結合様式

セルロースは植物の細胞壁の重要な構成成分であり，ワタの種子の毛はほとんど純粋なセルロースでできている．そのほか，セルロースを多く含む天然資源として，木材や麻，そして，稲や麦などの藁がある．セルロースはD-グルコースのみからなるホモ多糖類で，D-グルコースが1500〜2500個程度（β,1→4結合）したものである．

デンプンもD-グルコースのみからなるホモ多糖類であるが，その結合様式がセルロースとは異なる（図5.4）．デンプンはアミロースとアミロペクチン（amylopectin）の2種類の物質の混合物であり，このうちアミロースは，D-グルコースが（α,1→4結合）で1000〜4000個程度連なった直鎖構造を有している．一方，アミロペクチンのほうは，D-グルコースが最高で6000個程度からなり，分枝したグリカン構造を有する．すなわち，アミロペクチンの場合，（α,1→4結合）と（α,1→6結合）の結合方法が混在するので，かなり複雑になる．グリコーゲンは結合しているグルコースの数が非常に大きいことを除いてはアミロペクチンと類似しており，動物に共通した糖質貯蔵の役割を果たしている．

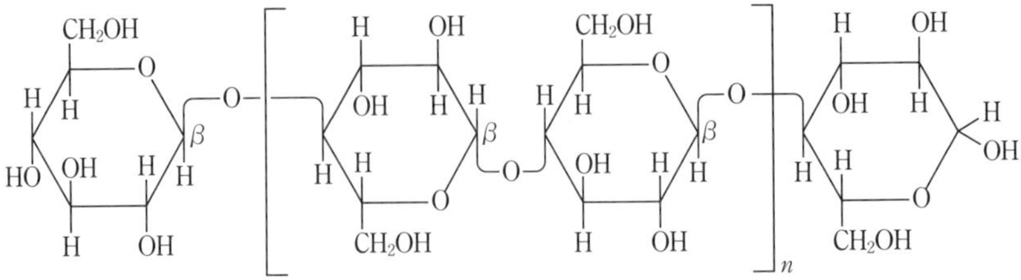

図 5.4 多糖類の化学構造

- セルロース（β, 1→4 結合）
- アミロース（α, 1→4 結合） 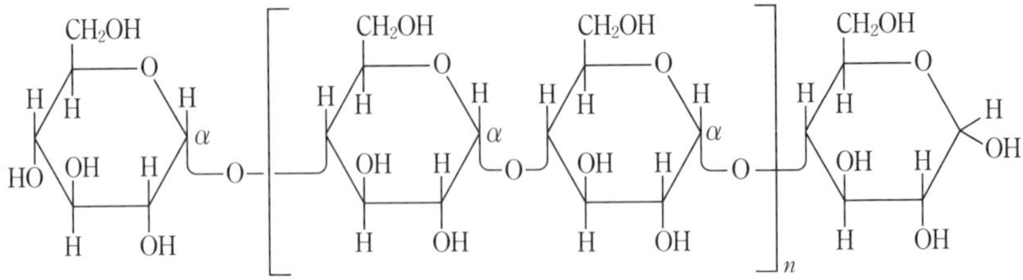
- キチン（β, 1→4 結合） 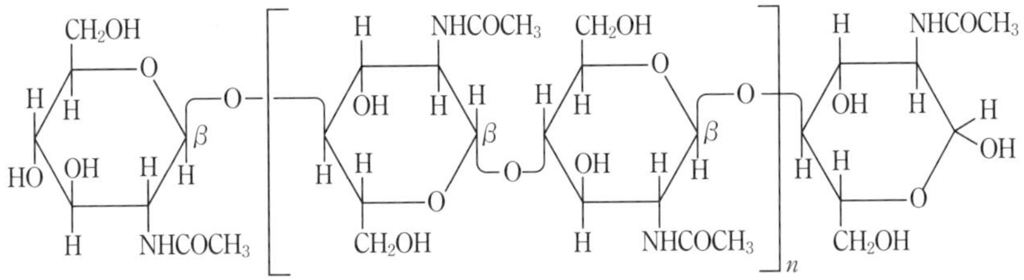
- ヘパリン（α, 1→4 結合）

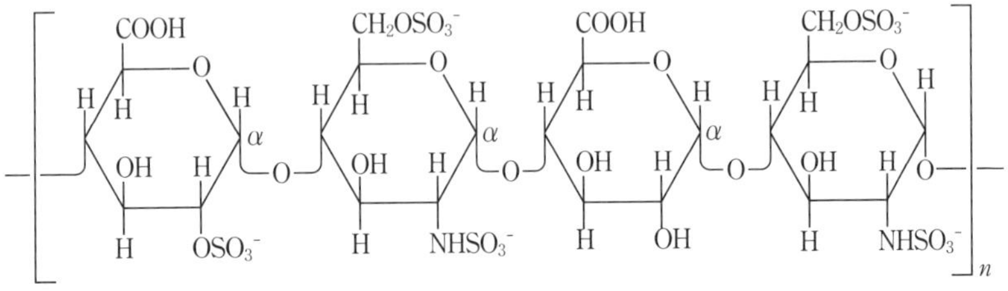

綿のセルロースとは異なり，紡績して糸にするには短すぎるセルロース（たとえば木材セルロース）は再生セルロースに転換し，繊維製品として利用することができる．これをレーヨン（rayon）または人造絹糸（人絹）と称する．この方法の一つは，セルロースの水酸化銅アンモニウム溶液から再生セルロースを沈殿させる方法である．こうして得られた繊維を，ベンベルグ（Bemberg）やキュプラ（cupra）という．また，セルロースを水酸化ナトリウム，ついで二硫化炭素処理などによってビスコースレーヨン（viscose rayon）として再生する方法もある．この同じものを細い隙間（スリット）を通して再生すると，セロファン（cellophane）となる．

キチン（chitin）は，エビやカニなどの甲殻類の殻の成分であり，うすい酸で殻中の炭酸カルシウムを溶かし去ることによって，容易に分離することができる．キチンはホモグリカンであり，分子中に窒素を含む D-グルコサミン（D-glucosamine）1種類だけからなる．よって，キチンを熱塩酸で加水分解すると D-グルコサミンが得られる．実際には，キチンにおいては D-グルコサミンのアミノ基はアセチル化されているが，このアセチル基は加水分解反応に際して切り離されてしまう．このアミノ糖どうしの結合様式は（$\beta, 1\rightarrow 4$ 結合）であり，この結合様式は植物由来のセルロースと同じである．

一方，ヘパリン（heparin）も動物由来の窒素を含む多糖類であるが，キチンとは異なり，複数の種類の単糖から構成されている．ヘパリンの名前は，これが肝臓（hepatic；肝臓の）に大量に存在することに由来する．ヘパリンは4分子の単糖からなる単位をくり返し単位としているが，このくり返し単位は2分子の D-グルクロン酸と2分子の D-グルコサミンからなる．D-グルコサミンユニットのほうはいずれも2位のアミノ基と6位のヒドロキシ基に硫酸基が結合しており，一方，グルクロン酸ユニットの2分子中1分子は，その2位に硫酸基が結合している．これらの単糖類の結合様式はいずれも（$\alpha, 1\rightarrow 4$ 結合）である．ヘパリンには血液の凝固を阻止する作用がある．

5.3　弾性ゴム——基本骨格はテルペノイドと同じ

弾性ゴムはもともとは新大陸原産のものである．ヨーロッパに最初に弾性ゴムを持ち込んだのはおそらくコロンブス（p.125）で，1496年のことといわれてい

る．コロンブスは新大陸発見の旅において，ハイチの原住民が玩具として使っていたよく弾むボールを持ち帰っていたのである．

弾性ゴム（図5.5）の原料となる樹液をラテックス（latex）という．ラテックスはおもにトウダイグサ科のパラゴムノキ（*Hevea brasiliensis*）の樹幹から得られるが，他の植物からも得られる．弾性ゴムの成分は多数のイソプレン（3.5節）ユニットが結合した形をしており，分子量は10万～100万とされる．また，分子中の二重結合はシス型（Z型）となっている．

弾性ゴムはそのままでもクッションやゴム糸，ゴム引き布などに使われていたが，ゴムはそのままでは油や熱に弱く，弾性も小さい．しかし，これを硫黄と加熱する（加硫）とゴムの分子どうしが結合（架橋）し（図5.6），強く，弾性の大きいゴム製品となる．この方法，すなわち，加硫法（vulcanization）が発明されることにより，ゴムの用途は飛躍的に拡大された．

1839年，グッドイヤー（C. Goodyear, 1800～1860）は，偶然のきっかけにより，加硫法を発明した．彼は，ラテックスと硫黄の混合物をあやまって熱いストーブの上にこぼしてしまったが，これを削り落とし，放冷したところ，これはもはやべた付かず，伸ばしたりねじったりしてもすぐにもとの形に戻ることを見い出したのである．しかし，不幸なことに，彼は，この加硫法の特許をめぐる法廷で争っているうち，借金を残したまま亡くなってしまった．

加硫法により，分子間に硫黄が入り込み，架橋ができる．このことによって，分子構造はきわめて強くなる．硫黄がゴムの約1～6%混合される場合は軟ゴムが得られるが，硫黄の量をさらに増やし約30%とすると，より多くの架橋結合をもつようになって，硬化ゴム，すなわちエボナイト（ebonite）となる．

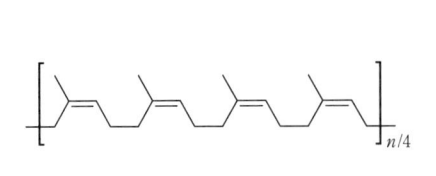

図5.5 弾性ゴム分子の化学構造 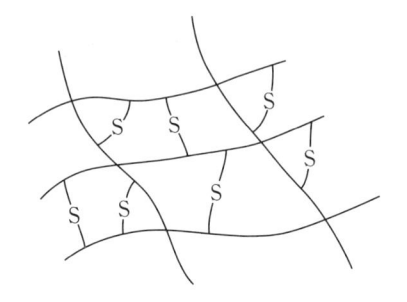　　**図5.6** 弾性ゴム分子への加硫

5.3 弾性ゴム

　19世紀において，ブラジルから輸出された野生ゴムは大変な利益をもたらした．そのため，ブラジルではゴムの利益を独占しようとして，ゴムの種子や苗の持ち出しをきびしく禁止した．このゴムをパラゴムといった．パラゴムは南米アマゾン河口のパラ（Pará）港から輸出されたので，この名前がある．

　イギリスのロンドン郊外のキュー（Kew）王立植物園の依頼をうけたプラントハンター（海外で各種の植物を探索し，本国へ持ち帰ることを業とした人たち）は，ブラジルのアマゾンの上流から約7万粒のパラゴムノキの種子を密輸し，本国で発芽させた．そして，ブラジルと同じような気候条件をもつところをさがした結果，これらはマレー半島に移植され，そこが東南アジア最初のゴム園になった．1875年または1876年のことである．やがて，この栽培ゴムの生産は野生ゴムの生産を完全に凌駕するようになる．

　この物質に正式な英語名"rubber"が付いたのは18世紀になってからのことである．命名者はイギリスの化学者，プリーストリー（J. Priestley, 1733～1804）である．この名前はゴムに対して現在私たちがもっているイメージである伸び縮みするなどの性質とはまったく関係ないところから付いた．彼は，鉛筆で書いたものをゴムでこする（rub）と消すことができることと，ゴムが西インド諸島から伝わったことから，これにインディア・ラバー（India rubber）という名前を付けたのである．すなわち，ラバーとは単にこするものという意味である．

　ゴムの主成分がC_5H_8という分子構成をしていることは，すでに1826年にファラデー（M. Faraday, 1791～1867）が発表している．しかし，ゴムの化学構造が明らかとなったのは20世紀初頭のことであった．現在では，ゴムの化学構造はC_5H_8（イソプレン，3.5節）を単位とする高分子化合物（巨大分子）であることがわかっている．

　ゴムの化学構造が明らかになる以前の19世紀の末（1880年代）に，イギリスのティルデン（W. A. Tilden, 1842～1926）はテルペン類の分解で得たイソプレンを長く保存していたところ，ゴムらしいものになったことを知ったし，ドイツのテルペン学者のワルラッハ（O. Wallach, 1847～1931）もイソプレンに封管中で光を当てると少量のゴムがつくられることを見い出している．

5.4 タンパク質——アミノ酸の重合により生成する高分子

　タンパク質とは，多数のアミノ酸がペプチド結合したものである．そして，タンパク質のうち，比較的分子量の小さいものをペプチドという．図5.7に示すペプチド結合のうち，アミノ酸の違いによりRやR'の部分が変わる．プロリン（proline）が結合している部分ではペプチド結合の窒素は第三級窒素となる．

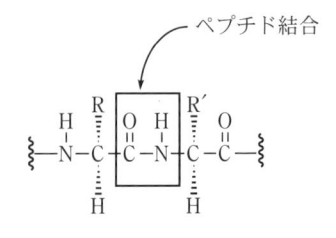

図5.7　ペプチド結合

　絹は蚕が吐糸し延伸することにより分子が配列すると同時に固化し，繊維になる．蚕のつくった繭から繰りとったままの絹糸を生糸という．生糸は2本のフィブロイン（fibroin）がセリシン（sericin）に包まれた構造をもつ．

　フィブロインはおもにグリシンおよびアラニンからなるタンパク質である．一方，これに対して，セリシンは絹膠ともいい，2本のフィブロインを互いに粘着させているタンパク質である．セリシンは，フィブロインに類似したアミノ酸組成であるが，グリシン，アラニン，およびチロシンの含量が少なく，セリンと酸性アミノ酸が多い．粗絹を精錬（セッケン水で煮る）すると，このセリシンが溶解してフィブロインだけとなる．この状態にしたものが，いわゆる練り絹といわれるものである．

　一方，ヒトの髪の毛の成分は内側から外側に向かい，メデュラー（medulla），コルテックス（cortex），そしてキューティクル（cuticle）と命名されているが，いずれもケラチン（keratin）とよばれるタンパク質である．このうち，一番外側のキューティクルは硬いタンパク質である．

　髪の毛にウェーブをかけるには，19世紀には火で熱く焼いたコテを髪にあてていたが，20世紀になってから熱源として電気製品が使われるようになった．これらの方法ではいずれも熱を使っていたが，その後，化学薬品を使ういわゆるコールドパーマが開発された．コールドパーマでは，髪の毛のタンパク質構成アミノ酸のうち，L-システインとL-シスチンの変換をその原理としている．

　コールドパーマの方法であるが，まず，髪の毛をロッドといわれる円筒にまきつけ，第1液をつける．この液は還元剤であるチオグリコール酸である．この過程で，キューティクルにおいて，異なるタンパク質分子間でL-システインどう

5.5 核　　酸

図5.8 コールドパーマの原理

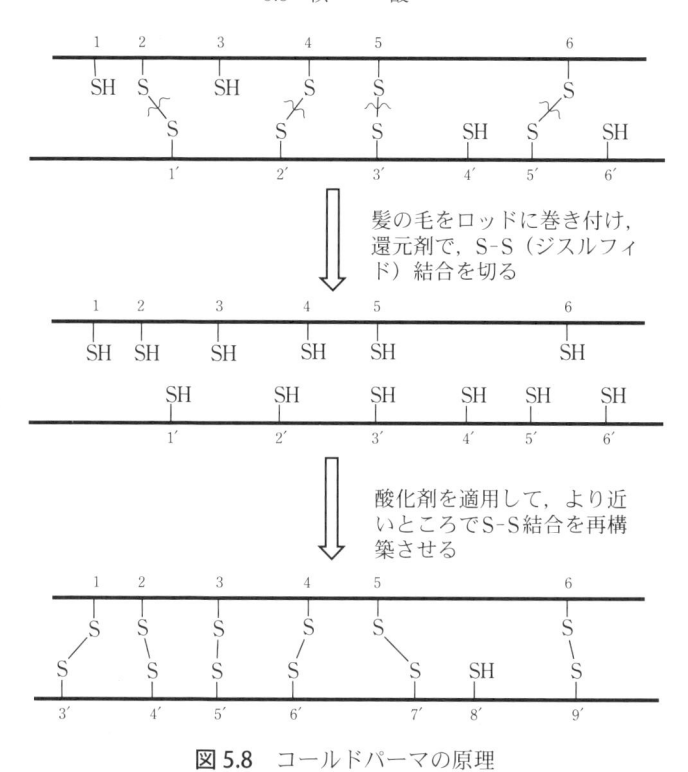

しがS-S（ジスルフィド）結合でつながれていた部分（これを架橋といい，この部分はL-シスチンとなっていることになる）が切れる（図5.8）．ついで，第2液として酸化剤（臭素酸ナトリウム/Na_2BrO_3，臭素酸カリウム/K_2BrO_3，過ホウ素酸ナトリウム/Na_2BO_4，または過酸化水素水/H_2O_2のいずれかに安定剤としてpH調整剤を加えたもの）を使う．この過程で，キューティクル中のL-システィンは近くにあるL-システィンとS-S結合を再構築する．すなわち，髪の毛がロッドに巻き付いた形が保たれる状態でタンパク質が固定されることになり，パーマネントウェーブが形成されることになる．

5.5 核酸——DNAとRNA/遺伝子の正体

　核酸には，動植物の細胞の核の染色体（chromosome）に局在して遺伝に関係するDNA（デオキシリボ核酸，deoxyribonucleic acid）と，DNAの遺伝情報を

読みとって，タンパク質合成の場であるリボソームまで運ぶメッセンジャーRNA（mRNA）やmRNAの鋳型に従ってアミノ酸を配列・重合させてタンパク質合成に関与する転移（トランスファー）RNA（tRNA）などのRNA（リボ核酸，ribonucleic acid）とがある．

核酸は，ヌクレオチド（nucleotide）分子に結合している糖の3′位と他のヌクレオチド分子の結合糖の5′位との間で，それぞれリン酸を介して結合した長鎖の高分子化合物である．核酸を構成するヌクレオチドは，塩基-五炭糖-リン酸からなり，塩基としては，プリン塩基のアデノシン，グアノシン，そして，ピリミジン塩基のシトシン，チミン，ウラシルがある．そして，これらの塩基に五炭糖のD-2-デオキシリボース（D-2-deoxyribose；DNAの場合），または，D-リボース（D-ribose；RNAの場合）が結合すると，それぞれ，ヌクレオシド（nucleoside）といわれる化合物になり，さらに，ヌクレオシドの糖の5′位のヒドロキシ基がリン酸によってエステル化された化合物はヌクレオチドとなる．これらの関係を表5.1と化学構造（図5.9）によって示す．

表5.1 DNAおよびRNAを構成する塩素，ヌクレオシドおよびヌクレオチド

DNA	RNA
【塩基】	【塩基】
アデニン (adenine, A)	アデニン (adenine, A)
グアニン (guanine, G)	グアニン (guanine, G)
シトシン (cytosine, C)	シトシン (cytosine, C)
チミン (thymine, T)	ウラシル (uracil, U)
【ヌクレオシド】	【ヌクレオシド】
2′-デオキシアデノシン (2′-deoxyadenosine)	アデノシン (adenosine)
2′-デオキシグアノシン (2′-deoxyguanosine)	グアノシン (guanosine)
2′-デオキシシチジン (2′-deoxycytidine)	シチジン (cytidine)
2′-デオキシチミジン (2′-deoxythymidine)	ウリジン (uridine)
【ヌクレオチド】	【ヌクレオチド】
2′-デオキシアデニル酸 (2′-deoxyadenylic acid, dAMP)	アデニル酸 (adenylic acid, AMP)
2′-デオキシグアニル酸 (2′-deoxyguanylic acid, dGMP)	グアニル酸 (guanylic acid, GMP)
2′-デオキシシチジル酸 (2′-deoxycytidylic acid, dCMP)	シチジル酸 (cytidylic acid, CMP)
2′-デオキシチミジル酸 (2′-deoxythymidylic acid, dTMP)	ウリジル酸 (uridylic acid, UMP)

5.5 核　　酸

すなわち，塩基のアデニン，グアニン，シトシン，チミン，およびウラシルは，それぞれ，五炭糖がN配糖体（糖が窒素を介して母核と結合している配糖体）として結合してヌクレオシドとなると，DNAを構成するユニットの場合には，$2'$-デオキシアデノシン，$2'$-デオキシグアノシン，$2'$-デオキシシチジン，および$2'$-デオキシチミジンとなり，RNAを構成するユニットの場合には，アデノシン，グアノシン，シチジン，およびウリジンとなる．さらに，これらのユニットにはそれぞれ$5'$位にリン酸が結合している．そして，リン酸まで含めたユニットとしての名称は，それぞれ，DNAを構成するユニットの場合には，$2'$-デオキシアデニル酸，$2'$-デオキシグアニル酸，$2'$-デオキシシチジル酸，および$2'$-デオキシチミジル酸となり，RNAを構成するユニットの場合には，アデニル酸，グアニル酸，シチジル酸，およびウリジル酸となる．核酸はこれらのヌクレオチドの重

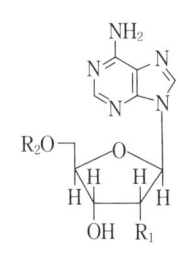

構造	名称	置換基
	$2'$-デオキシアデノシン	$R_1 = R_2 = H$
	アデノシン	$R_1 = OH, R_2 = H$
	$2'$-デオキシアデニル酸 (dAMP)	$R_1 = H, R_2 = PO_3H_2$
	アデニル酸 (AMP)	$R_1 = OH, R_2 = PO_3H_2$
	$2'$-デオキシグアノシン	$R_1 = R_2 = H$
	グアノシン	$R_1 = OH, R_2 = H$
	$2'$-デオキシグアニル酸 (dGMP)	$R_1 = H, R_2 = PO_3H_2$
	グアニル酸 (GMP)	$R_1 = OH, R_2 = PO_3H_2$
	$2'$-デオキシシチジン	$R_1 = NH_2, R_2 = R_3 = R_4 = H$
	シチジン	$R_1 = NH_2, R_2 = R_4 = H, R_3 = OH$
	$2'$-デオキシチミジン	$R_1 = OH, R_2 = CH_3, R_3 = R_4 = H$
	ウリジン	$R_1 = OH, R_2 = R_4 = H, R_3 = OH$
	$2'$-デオキシシチジル酸 (dCMP)	$R_1 = NH_2, R_2 = R_3 = H, R_4 = PO_3H_2$
	シチジル酸 (CMP)	$R_1 = NH_2, R_2 = H, R_3 = OH, R_4 = PO_3H_2$
	$2'$-デオキシチミジル酸 (dTMP)	$R_1 = OH, R_2 = CH_3, R_3 = H, R_4 = PO_3H_2$
	ウリジル酸 (UMP)	$R_1 = OH, R_2 = H, R_3 = OH, R_4 = PO_3H_2$

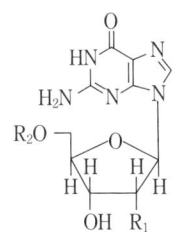

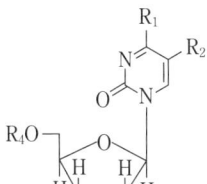

図5.9 DNAおよびRNAを構成するヌクレオシドおよびヌクレオチドの化学構造

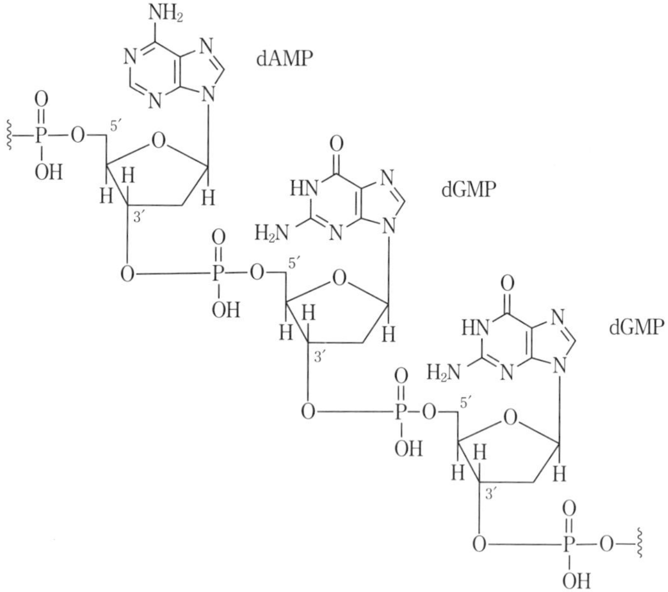

図 5.10 DNA の化学構造例

合体ということができる．

　上記で，RNA のほうでは，DNA の 4 種の塩基のうち，チミンの代わりにウラシルが加わっていることに注意されたい．ウラシルは，チミンの 5 位のメチル基が水素に置き換わった化学構造を有する．

　上記の化合物中，シチジンは当初，酵母の核酸から，また，チミジンは胸腺核酸（thymonucleic acid）の加水分解物から得られた．一方，ウリジンは酵母の核酸を弱アルカリで加水分解することによって得られている．

　DNA の結合様式を図 5.10 に示す．ここでは，塩基配列として，5′から3′の方向にGGA（ヌクレオチドとして dGMP-dGMP-dAMP）となった結合部分を示している．

5.6　プラスチックと合成繊維——四大汎用樹脂と PET，テフロン，そしてナイロンなど

　現代は合成有機高分子化合物（プラスチックまたは合成樹脂）の時代といって

よいほど，私たちの周辺にはその製品があふれており，そのために，私たちの生活が豊かなものになり，また，その処分が大変大きな問題にもなっている．

　台所では，かつては竹や木材でつくられていたザルや洗い桶，まな板，各種容器などは，現在はそのほとんどがポリエチレンやポリプロピレンなどのプラスチック製に置き換わっているし，いろいろな食材の包装にも，かつては経木や竹の皮，新聞紙，ガラス瓶などを使っていたのが，発泡スチロール製のトレイやスチロール樹脂製の容器（生卵のパック容器など），ラップ，ポリエチレンの袋，ペットボトルなどに切り替えられている．

　さらに，繊維として衣類にはナイロンやポリエステルなどが多用され，ロープやテントなどにはポリプロピレンも応用されている．レーヨンのような半合成繊維については5.2節で述べた．

　日常，私たちはこれらのプラスチックや合成繊維に頻繁に接している．しかし，私たちは，これらの合成樹脂を正確に理解しているだろうか？　たとえば，現在，さまざまなプラスチック製品には三角形のマークがついており，その中の数字と下部の略号でプラスチックの種類を示すことになっている．それらの数字と略号は次のとおりである．これらがどのようなものであるか説明できるであろうか？

1. PET：ポリエチレンテレフタラート
2. HDPE：高密度ポリエチレン
3. PVC：ポリ塩化ビニル
4. LDPE：低密度ポリエチレン
5. PP：ポリプロピレン
6. PS：ポリスチレン
7. OTHER：上記1〜6以外のプラスチック（ポリ塩化ビニリデン，複合材料など）

　この節では，私たちの身のまわりにある合成樹脂のうち，まず，ポリエチレン，ポリプロピレン，ポリスチレン，ポリ塩化ビニルの四大汎用樹脂と，ポリ塩化ビニリデン，テフロンについてまとめて説明し，ついで，繊維としても樹脂としても私たちになじみ深いPETについて説明する．そのあと，最古のプラスチックであるセルロイドの話をし，ついで，メタクリル樹脂，ABS樹脂について説明する．さらに，ナイロンの説明をしたあと，フェノール樹脂（ベークライト），ユリア樹脂（尿素樹脂），メラミン樹脂，ポリアセチレン樹脂の説明をしていく．

5.6.1 四大汎用樹脂（ポリエチレン，ポリプロピレン，ポリスチレン，ポリ塩化ビニル）と，ポリ塩化ビニリデンおよびテフロン樹脂

ポリエチレン（polyethylene）樹脂は，エチレンを重合させてつくられる合成樹脂であり，低密度ポリエチレン（low-density polyethylene）と高密度ポリエチレン（high-density polyethylene）の2種類がある．前者はポリ袋やマヨネーズ・ケチャップの容器など，後者はポリタンクやロープ，ラップ，フィルムケースなどに用いられる．ポリエチレンは飽和炭化水素なので，パラフィンに似ていて，火をつけるとロウのように溶けてポタポタ落ちる．いわゆるレジ袋といわれるポリエチレン樹脂製の袋は私たちの生活に大変馴染み深く，大量に消費されている．

一方，ポリプロピレン（polypropylene）樹脂はプロピレンの重合により生成する樹脂で，常温ではきわめて安定である．この樹脂はくり返し折り曲げてもちぎれないという，他の樹脂にない特性をもつ．よって，蓋の連結した容器によく用いられる．さらに，ビールのケースや食器類，灯油用のポリタンク，衣料コンテナ，ロープやテント，ポリバケツなどに使用される．ただ，種々の染料との親和性がなく，染色が困難であることから，衣料には適さない．

ポリスチレン（polystyrene）樹脂はまたの名をスチロール樹脂といい，スチレン（styreneまたはスチロール（styrol））の重合によってつくられる．ポリスチレン樹脂は透明度がよくて堅いので，ポリスチレンのフィルムはコップ，お菓子や卵のパックなどに用いられる．一方，ポリスチレンを気泡で膨らましたものを発泡スチロール（ポリスチレンフォーム）といい，鮮魚などを入れる箱をはじめ，食品のトレー，カップラーメンの容器などに広く応用されている．発泡スチロールの見かけ上の比重は0.02程度と大変に軽い．ポリスチレン樹脂は耐水性はすぐれているが，有機溶媒には溶けやすく，油を入れておくと壊れてしまう．また，繊維としては用いられていない．

以上に述べた樹脂はいずれも炭素と水素のみからなる合成樹脂であるが，以下に述べる3種の樹脂はいずれも塩素（Cl）またはフッ素（F）といったハロゲン原子が分子中に組み込まれた樹脂の例である．

ポリ塩化ビニル（polyvinyl chloride）樹脂も四大汎用樹脂の一つである．ポリ塩化ビニルは，塩化ビニル（vinyl chloride）の重合によって生成し，軟質塩化ビニル樹脂と硬質塩化ビニル樹脂とに二大別される．軟質塩化ビニル樹脂の応用例としては水道ホースや電線の被覆，床材のビニルタイルやビニルシートがある．

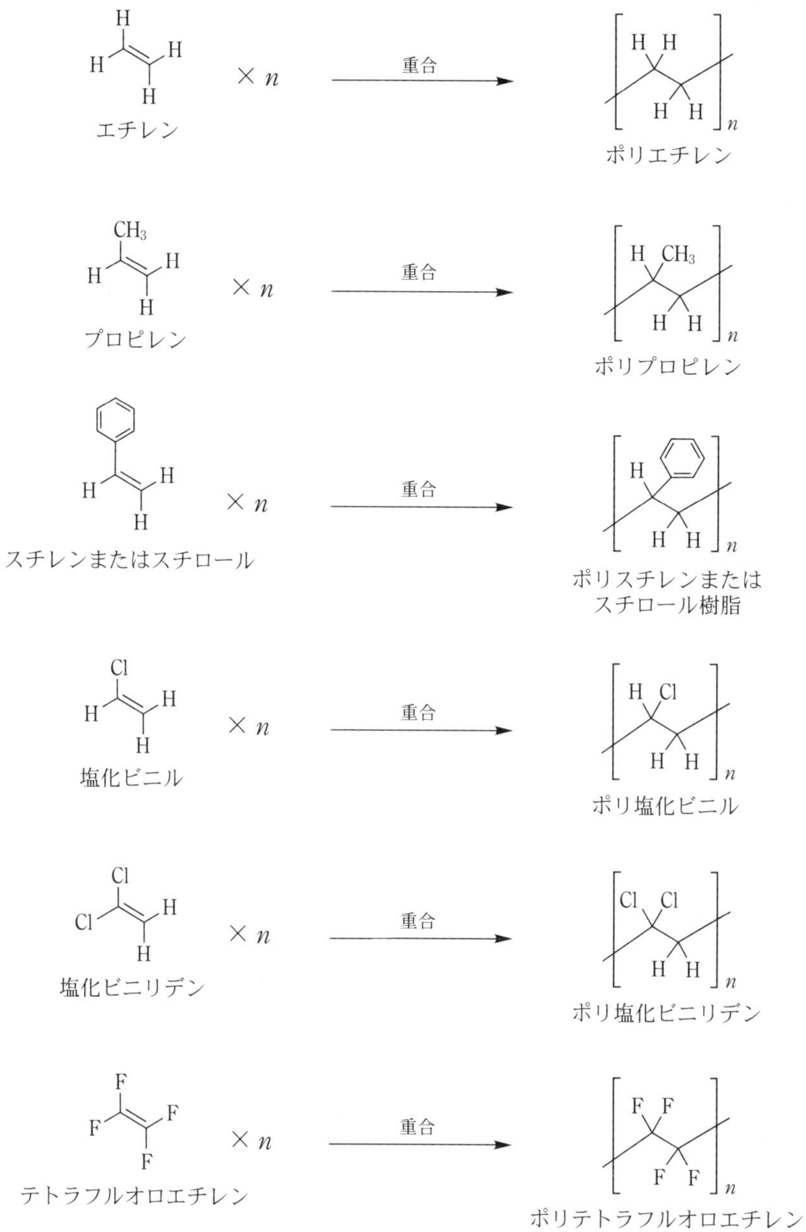

図 5.11 四大汎用樹脂とポリ塩化ビニリデン，テフロンの製法と化学構造

そして，いわゆるプラスチック製の消しゴムといわれるものも軟質塩化ビニル製の製品である．一方，硬質塩化ビニル樹脂は，水道管，排水管，雨樋(あまどい)，屋根用波板などに応用される．

上述の軟質塩化ビニル樹脂は，塩化ビニル樹脂によく馴染む低分子の有機化合物であるフタル酸ジオクチル（$C_6H_4(COOC_8H_{17})_2$）を練り合わせてつくる．このフタル酸ジオクチルのような役割をする化合物を可塑剤といい，蒸発しにくい化合物が使われるが，長い年月のうちにはしだいに失われ，硬く割れやすくなる．また，ポリ塩化ビニル樹脂は分子内に塩素を含むために，不適当な焼却法により，ダイオキシンを発生するおそれがある．

上述の，ポリエチレン，ポリプロピレン，ポリスチレンおよびポリ塩化ビニル樹脂は現代生活において非常に多く使用されているので，四大汎用樹脂とよばれることがある．

一方，ポリ塩化ビニリデンは家庭用のラップに用いられる．ラップには2種類あり，そのうちの1つはすでに述べたポリエチレンでつくられたものであり，もう一つはポリ塩化ビニリデン製である．ポリエチレン製のラップは耐熱性が低く，電子レンジに使うことはできないが，サランラップ（旭化成）やクレラップ（呉羽化学）などの名称で知られるポリ塩化ビニリデン製のラップは，耐熱性が高く，電子レンジにも使用可能である．

テフロン（teflon）はポリエチレンの水素をすべてフッ素（F）に置換した化学構造を有する．テフロンの名称は，省略名である．この樹脂の正式な名前は，ポリテトラフルオロエタン（polytetrafluoroethane）であり，その名前の一部をとってテフロンの名称が生まれた．この樹脂は熱に強く，325℃くらいまで耐える．また，他の物質が付きにくい性質もある．そのため，フライパンやアイロンの表面加工に応用される．さらに，耐薬品性も強いため，実験器具（各種の器具の栓やコックなど）にもよく利用されている．ただし，金属でひっかくと傷がつきやすいという欠点がある．

5.6.2 PET（ポリエチレンテレフタラート）樹脂

PETとは，ポリエチレンテレフタラート（polyethylene terephthalate）の略である（図5.12）．PET樹脂は，ポリエチレンやポリプロピレンより硬い．分子内にエステル結合があるため，繊維に加工されたものはポリエステルともよばれる．

5.6 プラスチックと合成繊維

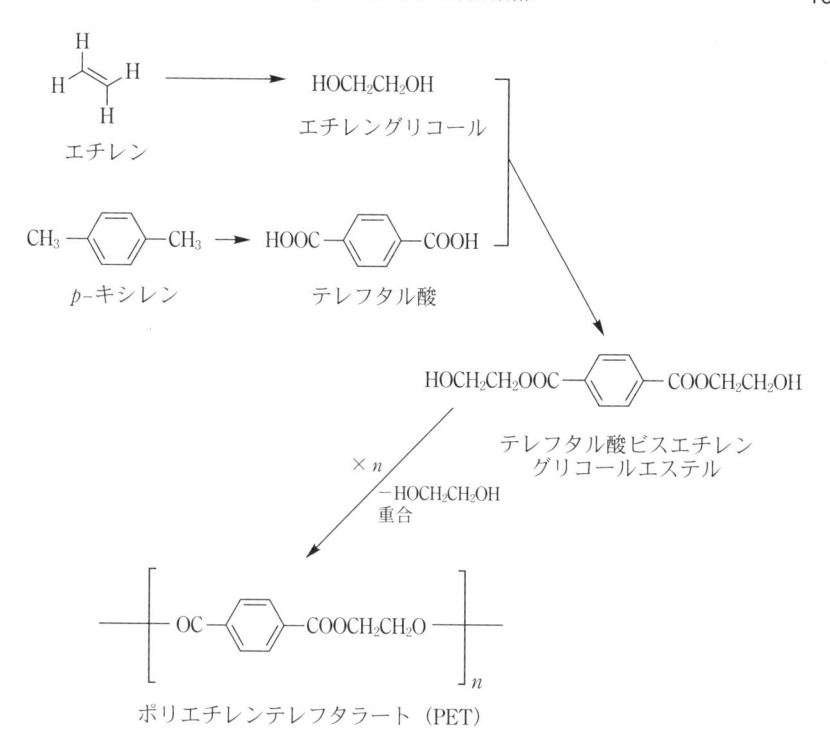

図 5.12 PET の製法と化学構造

日本では，1958 年より，東レや帝人などで生産されている．また，この樹脂は丈夫なフィルムになるため，ビデオテープやカセットテープ，フロッピーディスクなどに応用される．さらに，たいていのプラスチックは気体を少し通すのに対して，PET は通しにくい．そのため，いわゆるペットボトルとして，醤油や食卓塩，清涼飲料水などの容器に応用される．ペットボトルは回収され，ペレット状に加工される．このペレットは，おもに繊維に加工され，いわゆるフリース (fleece) という生地などに生まれ変わる．

5.6.3 セルロイド

セルロイド (celluloid) とは，ニトロセルロース (nitrocellulose；硝酸セルロースともいう，図 5.13) に可塑剤として (+)-カンファー ((+)-camphor, p.106 参照) を約 25% 加えたプラスチックである．

図 5.13　ニトロセルロース（硝酸セルロース）の化学構造

セルロイドは1901年に工業化された最古のプラスチックであり，熱可塑性に富み，90℃以上で柔軟となり加工しやすい．また弾性があり，染色がしやすいという性質もある．サングラスの枠や櫛，ピンポン球などに利用されてきた．かつては写真フィルムにも使われていた．

5.6.4　メタクリル樹脂とABS樹脂

以下に述べるメタクリル樹脂とABS樹脂は，合成樹脂のさらに発展した例といえる．

メタクリル樹脂とは，メタクリル酸（methacrylic acid；アクリル酸の水素の1個がメチル基になったもの）とメタノールとのエステルであるメタクリル酸メチルの重合体である（図5.14）．メタクリル樹脂は軽くて割れにくいので，眼鏡の

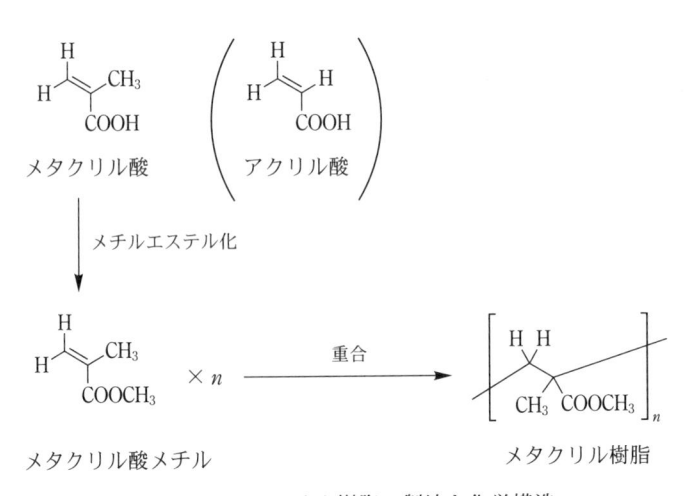

図 5.14　メタクリル樹脂の製法と化学構造

5.6 プラスチックと合成繊維

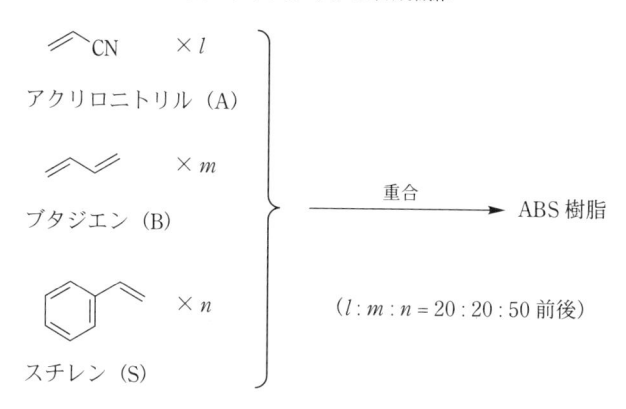

```
   ⌢CN      ×l
アクリロニトリル (A)

   ⌢        ×m
ブタジエン (B)                  重合
                          ───────→  ABS 樹脂
   ⌢        ×n
      ⌬                  ($l:m:n$ = 20:20:50 前後)
スチレン (S)
```

図 5.15 ABS 樹脂の製法

レンズや照明器具，風防カバーなどに用いられる．

一方，ABS 樹脂とは，アクリロニトリル（acrylonitrile；A），ブタジエン（butadiene；B）およびスチレン（styrene；S）の各単量体を混合して，重合させて（これを三元共重合という）生成する熱可塑性のプラスチックである（図5.15）．この3種の単量体の配合には種々の割合があるが，およそA (20)，B (20)，S (50) 前後である．耐衝撃性がプラスチックのなかでもとくに大きく，ユニットバスなどにも使われる．

5.6.5 ナイロン

ナイロン（nylon）の語源は不明である．伝線しないという意味のnorun を変化させたものという説や，ニューヨーク（N.Y.）にロンドン（London）のLon を結合させたという説，はては，日本の養蚕（絹の輸出）に打撃を与えたことから，農林（Nolyn）をひっくり返したという珍説まである．

この繊維は分子内に窒素を含んでおり，絹糸と同じく，ペプチド（アミド）結合によって重合している．ナイロンの主たる製品には，いずれも炭素数が6であるヘキサメチレンジアミン（hexamethylenediamine）とアジピン酸（adipic acid）から合成されるナイロン66，炭素数が4であるテトラメチレンジアミン（tetramethylenediamine）と炭素数が6であるアジピン酸から合成されるナイロン46，炭素数が6であるカプロラクタム（caprolactam）から合成されるナイロン6などがある．現在，ナイロンはこのようなポリアミド系合成繊維の総称となって

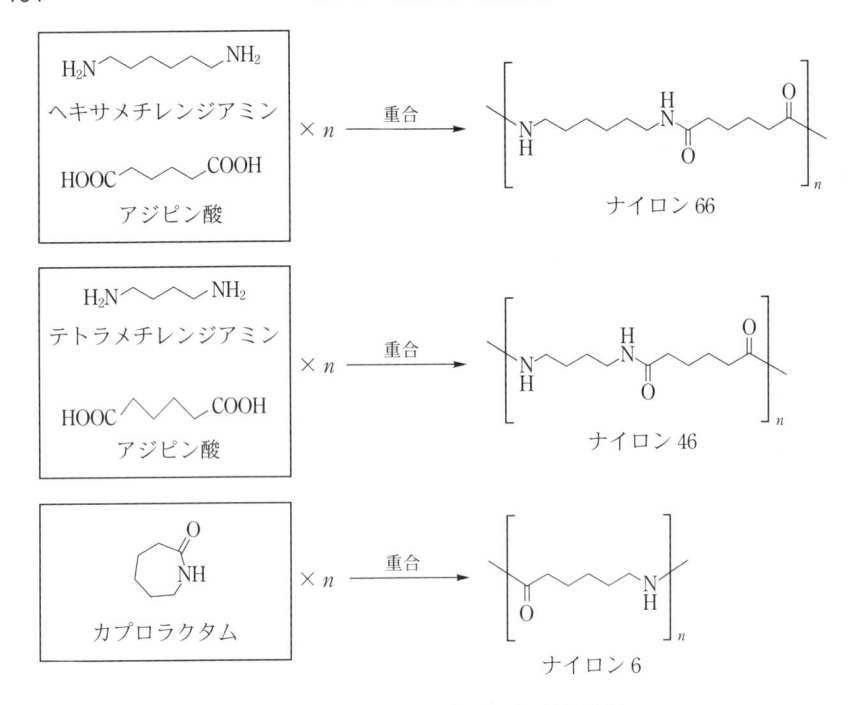

図 5.16　ナイロンの製法と化学構造例

いる（図 5.16）.

　ナイロン 66 はデュポン（Du Pont）社のカロザーズ（W. H. Carothers, 1896～1937）のグループにより発明された．彼のグループは，1935 年にこの繊維を手にした．これは，ヘキサメチレンジアミンとアジピン酸を原料としている．いずれも炭素 6 個からなる化合物であったので，当初，ポリアミド 6-6 とよばれた．これが 1937 年 11 月に発表され，1938 年 10 月 27 日の Herald Tribune Forum に商品がアナウンスされた際に，ナイロンという名称も同時に公となった.

　しかし，カロザーズは，新しい合成繊維を発見したグループの長であったものの，ナイロンの生産体制からは外されてしまった．その後，アルコール依存症とうつ病のはてに，1937 年 4 月 29 日，シアン化物で自殺した．41 歳であった．カロザーズはナイロンの名称も製品も見ることなく世を去ったことになる.

　アメリカでは 1938 年当時，日本から絹を 1 億ドル輸入していたというから，ナイロンの実用化はアメリカにとって経済の勝利でもあった．ちなみに，当時アメ

5.6 プラスチックと合成繊維

5.6.6 フェノール樹脂，ユリア樹脂，メラミン樹脂

この項に述べるフェノール樹脂，ユリア樹脂，メラミン樹脂は熱硬化性樹脂であり，いずれも重合反応にホルムアルデヒドがかかわっている（図 5.17）.

フェノール樹脂は，1907 年，ベークランド（L. H. Bakeland, 1863 ～ 1944）に

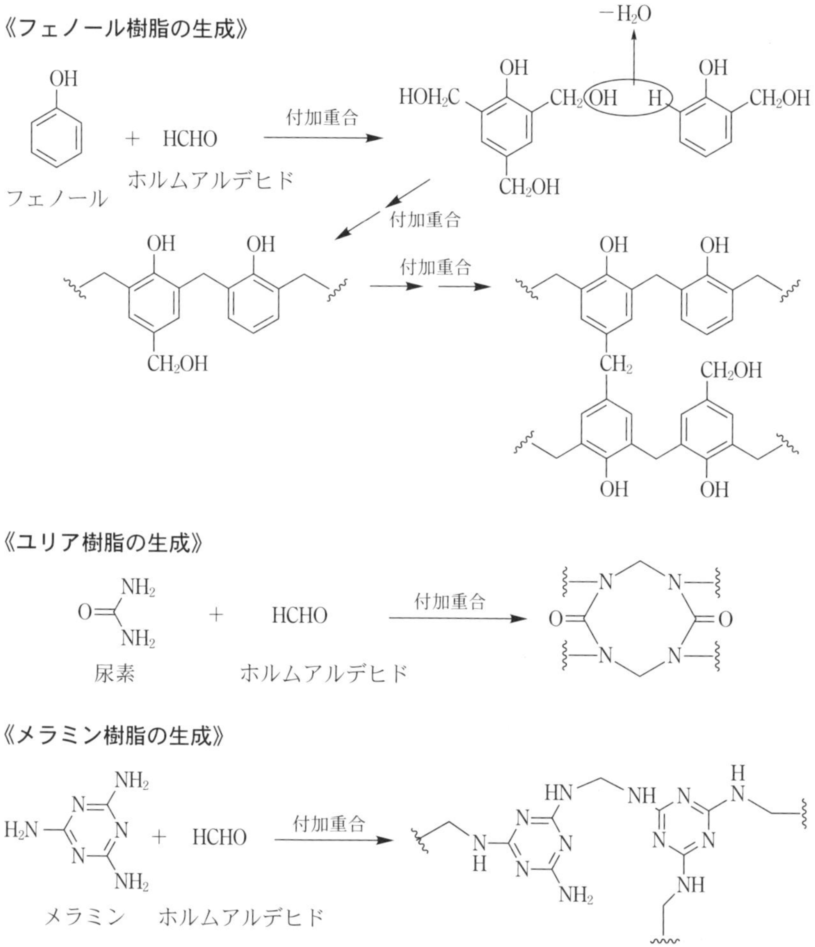

《フェノール樹脂の生成》

《ユリア樹脂の生成》

《メラミン樹脂の生成》

図 5.17 フェノール樹脂，ユリア樹脂およびメラミン樹脂の製法と化学構造

より発明されたため，別名をベークライト（Bakelite）樹脂ともいう．この樹脂はフェノールとホルムアルデヒドを酸またはアルカリを触媒として重合させて生成する．生成したものは松ヤニのような樹脂であるが，これに硬化剤を加えて140～180℃に加熱し，硬化させる．いったん硬化した樹脂は，今度はこげるまで加熱しても軟らかくならない．このような性質をもつ樹脂は熱硬化性樹脂といわれる．ベークライトはボタンをはじめ，さまざまな製品の材料に利用されている．

　このフェノール樹脂のような熱硬化性樹脂には，ほかに，ユリア樹脂やメラミン樹脂もあり，ユリア樹脂は尿素（urea）とホルムアルデヒドを原料とし，重合してつくられる合成樹脂で，食器，照明器具，キャビネット，ボタン，化粧板などに用いられる．また，メラミン樹脂はメラミン（melamine）とホルムアルデヒドを重合してつくられる合成樹脂である．メラミン樹脂はまた，デコラ（Decola）ともいわれ，食器，電気部品，化粧板などに使われる．これら，ユリア樹脂およびメラミン樹脂は合板用接着剤としても多量に使用される．

5.6.7　ポリアセチレン樹脂

　ポリアセチレン（polyacetylene）樹脂とは，アセチレンの重合体をつくってポリアセチレンとしたものである（図5.18）．生成した樹脂の二重結合には反応条件によりトランス体とシス体の2種類ができる．これらの二重結合にハロゲン（臭素など）をからませる．これをドーピング（doping）という．この操作によって，電導性ポリマーが生成する．いわゆる電導性プラスチックの誕生であり，2000年の白川英樹博士のノーベル賞受賞につながった業績である．

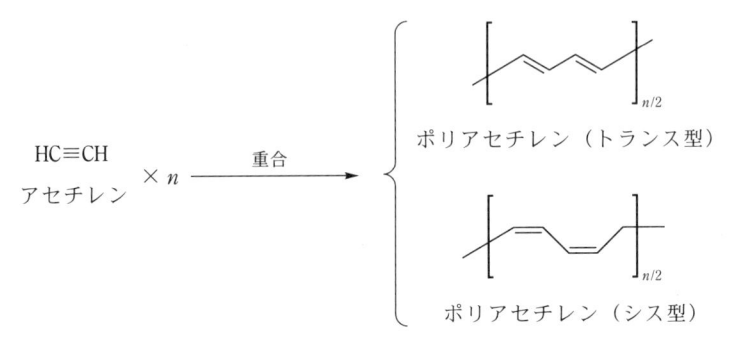

図 5.18　ポリアセチレンの製法と化学構造

── コ●ラ●ム ─────────────────────────

化学合成有機高分子化合物と人類

　その時代に有機高分子化合物という概念はなかったが，人類は近代有機化学の時代以前に，すでに植物由来の綿や麻，紙，デンプン，漆，弾性ゴム，そして動物（昆虫）由来の絹，羊毛など，身近に多くの有機高分子化合物と接していた．

　20世紀を迎え，人類は，化学合成有機高分子化合物を次々に手にすることになる．そして，20世紀の半ば以降，その動きはさらに活発なものとなった．そのなかでもナイロン（5.6.5項）の発明は人類の化学合成有機高分子化合物への期待と歴史を根底から変えた．

　四大汎用樹脂とよばれるポリエチレン，ポリプロピレン，ポリスチレン，ポリ塩化ビニル（5.6.1項）をはじめ，次々に実用化されていったさまざまな化学合成有機高分子化合物は，私たちの生活を短期間にがらりと変えた．現在，身辺に満ちあふれているいわゆるポリエチレン製のレジ袋も，普及し始めたのは1980年代であり，ペットボトルの普及は1990年代以降のことであるから，いずれもごく近年のことである．

　衣料の世界でも，ナイロンのほか，ポリエステル（ペットボトルと同じ素材）やポリウレタン（スパンデックス）などが，単独あるいは綿その他の繊維との混紡として多用されている．眼鏡のレンズはプラスチック（メタクリル樹脂）製のものが主流になった．合成ゴムの発明がなければ自動車の普及も難しかっただろう．

　が，しかし一方で，新たに発生した問題もある．たとえば，使い終えた化学合成有機高分子化合物の処理の問題である．ポリ塩化ビニルは焼却処分方法を誤ると有害なダイオキシン（2.4.5項）の発生が懸念されることがわかった．

　現在，私たちは化学合成有機高分子化合物の恩恵を享受しているが，今後とも，有機化学の発展によって手にすることのできた化学合成有機高分子化合物の生成から処理に至るまで，不断の注意をはらい続けることを忘れてはなるまい．

参 考 文 献

飯沼和正，菅野富夫：高峰譲吉の生涯，朝日選書（2000）
飯沼信子：長井長義とテレーゼ―日本薬学の開祖，日本薬学会（2003）
井上勝也，彦田毅：活性剤の化学―ぬらすことと洗うこと，裳華房（1991）
内林政夫：ピル誕生の仕掛け人，化学同人（2001）
岡崎寛蔵：くすりの歴史，講談社（1976）
緒方富雄：緒方洪庵伝，岩波書店（1977）
金尾清造：長井長義伝，日本薬学会（1960）
亀高徳平：化学と人生，丁未出版社（1926）
木村陽二郎：日本自然誌の成立，中央公論社（1974）
栗原堅三：味と香りの話，岩波書店（1998）
齋藤實正：オリザニンの発見―鈴木梅太郎伝，共立出版（1977）
芝哲夫：化学，53巻10号，21～24頁（1998）
清水藤太郎：日本薬学史，南山堂（1949）
白川英樹：化学に魅せられて，岩波書店（2001）
高橋輝和：シーボルトと宇田川榕菴，平凡社（2002）
辰野高司：日本の薬学，薬事日報社（2001）
田中実：化学者リービッヒ，岩波書店（1951）
長野敬編：パストゥール，朝日出版社（1981）
日本化学会編：ファッションと化学，大日本図書（1992）
服部静夫：増訂植物色素，岩波書店（1942）
林孝三編：植物色素，養賢堂（1980）
廣田鋼藏：明治の化学者，東京化学同人（1988）
廣田鋼藏：化学者池田菊苗，東京化学同人（1994）
藤井正美監修：新版・食用天然色素，光琳（2001）
船山信次：アルカロイド―毒と薬の宝庫，共立出版（1998）
船山信次：毒の科学，ナツメ社（2003）
増井幸夫，谷本幸子：家の中の化学あれこれ，裳華房（2001）
宮田秀明：ダイオキシン，岩波書店（1999）
宮腰哲雄他：漆化学の進歩，アイピーシー（2000）
矢部一郎：江戸の本草，サイエンス社（1984）
山崎幹夫：歴史の中の化合物，東京化学同人（1996）
ルネ・デュボス（長野敬訳）：パストゥール，河出書房（1968）
ルネ・デュボス（竹田美文訳）：ルイ・パストゥール（一）～（三），講談社（1979）
レナード・ビッケル（中山善之訳）：ペニシリンに賭けた生涯（1976）

索 引

(太字はより詳しく解説した頁を示す)

欧 文

A

aberic acid	134
ABS	157, **162**
(+)-abscisic acid	107
acetaldehyde	36
acetaminophen	10, **47**
acetic acid	39
acetylene	36, 40
acetylsalicylic acid	46
Achyranthus bidentata var. tomentosa	109
aconitine	135
Aconitum	135
acrylonitrile	162
adam	142
adenine	131
adenosine diphosphate	133
adenosine triphosphate	133
adipic acid	163
ADP	133
adrenaline	49, 121, 139
(−)-adrenaline	93
African chillies	140
alanine	57
alcohol	36
alizarin	114
alloxan	133
γ-aminobutyric acid	118
aminopyrine	53
p-aminosalicylic acid	49
amylopectin	147
amylose	89, **146**
anabasine	127
Anhalonium williamsii	121
aniline	45
anomeric	82
anthocyan	95
anthocyanidin	97, **101**
anthocyanin	97, **101**
antiarin	110
antipyrine	53
apigenin	97
arachidonic acid	74
arbutin	84
arthraxin	97
Arthraxon hispidus	97
ascaridole	106
ascorbic acid	88
aspartame	116
Aspergillus saitoii	103
aspirin	10, **46**
astragalin	85, **97**
asymmetric carbon	57
ATP	**133**, 135
Atropa belladonna	125
atropine	13, **125**
aurone	97
autumnaline	122
axial	82

B

Bakeland, L. H.	165
Bakelite	166
barbituric acid	133
batrachotoxin	137
Bemberg	149
benzaldehyde	45
γ-benzene hexachloride	63
benzoic acid	45
berberine	121
beri-beri	134
Beta vulgaris var. *rapa*	89
BHC	28
γ-BHC	63
bisphenol A	52
butadiene	162
butein	100

C

caffeic acid	92
caffeine	131
cAMP	133
(+)-camphor	**106**, 161
caprolactam	163
capsaicin	140
Capsicum	
C. annuum	113, 140
C. frutescens	141
carbohydrate	79
carminic acid	114
carotene	112
carotenoid	94, **105**
Carothers, W. H.	164
carthamin	100
carthamone	101
Carthamus tinctorius	100
catechin	96
(+)-catechin	99
Catharanthus roseus	125
cellobiose	90
cellophane	149
celluloid	161
cellulose	80, 90, **146**
chaconine	137
chalcone	97
chamaecyparis obtusa var. *formosana*	106
Chemical Abstracts	67
Chenopodium ambrosioides var. *anthelminticum*	106
chitin	80, 146, **149**
chloroform	38
cholesterol	109
Chondodendron tomentosum	121
Cicuta virosa	79
cicutoxin	79
Cinchona	
C. ledgeriana	124
C. succirubra	124
cinnamaldehyde	92
cinnamic acid	92
Cinnamomum camphora	106
cis	54
Citrus reticulata	105
Claviceps purpurea	124

Clitocybe acromelalga	129	dimethyl ether	42	fibroin	152
cocaine	14, **126**	*Diospyros kaki*	85, **98**	*Filipendula ulmaria*	46
Coccus cacti coccinelifera	114	dioxin	28	Fischer projection formula	81
cochineal	114	L-dioxyphenylalanine	93	flavanonol	96
Coffea arabica	131	DNA	67, 115, 130, **143**	flavone	96, 97
colchicine	122	docosahexaenoic acid	71, **75**	flavonoid	94, 97
Colchicum autumnale	122	dopa	93	flavonol	96
(+)-coniine	138	dopamine	**93**, 120	flavoxanthin	113
Conium maculatum	138	doping	166	Fleming, A.	26
coreopsin	100	dulcin	47	flon	38
Coreopsis gigantea	100	dynamite	77	5-fluorouracil	134
Cosmos sulphureus	100			formaldehyde	37
coumarin	92	**E**		formalin	37
crocin	107	ebonite	150	formic acid	37
Crocus sativus	107	α-ecdysone	109	D-fructose	84
cupra	149	EGCG	99	5-FU	134
curare	121	eicosapentaenoic acid	71, **75**	fumaric acid	54
cuticle	152	Entgegen	55	Funk, C.	134
cyanidin	101	EPA	71, **75**		
cyclohexane	63	*Ephedra*	93	**G**	
cytosine	131	*E. distachya*	139	GABA	118
		E. equisetina	139	galactosamine	85
D		*E. sinica*	139	*Gardenia jasminoides* f.	
D	60	ephedrine	2, 14, 94, **138**	*grandiflora*	107
2,4-D	51	(−)-ephedrine	139	genistein	103
daidzein	103	(−)-epigallocatechin gallate		genistin	103
daidzin	103		99	ginger	49
Datura metal	126	epinephrine	**121**, 139	gingerol	49
Daucus carota var. *sativa*	113	(−)-epinephrine	93	glucosamine	85
DDT	52	equatorial	83	D-glucosamine	149
Decola	166	ergot	124	glucose	4, **79**
delphinidin	101	*Erythroxylon*		glutamic acid	128
2′-deoxyadenosine	131	*E. coca*	126	L-glutamic acid	118
2′-deoxyadenylic acid	131	*E. novogranatense*	126	glycan	146
2′-deoxycytidine	131	estradiol	109	glyceraldehyde	59
2′-deoxycytidylic acid	131	17β-estradiol	104	glyceride	75
2′-deoxyguanosine	131	ethane	**40**, 63	glycerin	75
2′-deoxyguanylic acid	131	ethanol	36, **39**	glycerol	75
2′-deoxythymidylic acid	131	ethenzamide	47	glycine	42
2′-deoxythymidine	131	ethyl acetate	40	*Glycine max*	103
DES	52	ethyl alcohol	36, **39**	glycogen	80, **146**
DHA	71, **75**	ethylene	**36**, 40	GMP	133
diethylene glycol	42	ethylene glycol	42	Goodyear, C.	150
diethyl ether	40	*Eupatorium stoechadosmum*	92	*Gossypium indicum*	107
diethylstilbestrol	52	eve	142	gossypol	107
Digenea simplex	128	E, Z	55	guanine	131
Digitalis purpurea	110				
digitoxin	110	**F**		**H**	
diglyceride	75	fatty acid	70	halogen	38

Haworth formula	82	**K**		*meta*	47	
heparin	146, **149**	kaempherol	97	methacrylic acid	162	
heroin	13, 142	L-α-kainic acid	129	methamphetamine	14	
heteroglycan	146	kanamycin	85	(+)-methamphetamine	140	
Hevea brasiliensis	150	Kekulé, F. A.	44	methane	63	
hexamethylenediamine	163	keratin	152	methanol	37	
n-hexane	63			methanthiol	38	
hinokitiol	106	**L**		methyl alcohol	37	
histamine	124, **130**	L	60	methylamine	38	
histidine	129	lactic acid	61	methylmercaptan	38	
Hofmann, A. W. von	26	lactose	89	methyl salicylate	47	
homobatrachotoxin	137	lanosterol	109, 111	mevalonic acid	105	
homoglycan	146	latex	150	Mills formula	82	
5-HT	124	lauryl alcohol	78	mirror image	59	
α-humulene	107	Leeuwenhoek, A.	127	monoglyceride	75	
Humulus lupulus	107	lenthionine	41	monosaccharide	80	
p-hydroxybenzoic acid ester		*Lentinus edodes*	41, 133	morphine	2, 13, **121**	
	48	lignan	94	*Murex brandaris*	114	
5-hydroxytryptamine	124	lignin	8, **94**	muscimol	129	
(−)-hyoscyamine	125	linoleic acid	72	muscone	79	
		linolenic acid	72	musk	79	
I		linolic acid	72	myricetin	97	
IAA	124	lipid	70			
ibotenic acid	129	Lister, J.	45	**N**		
ibuprofen	10, 47	*Lithospermum erythrorhizon*		*Nicotiana tabacum*	125	
imidazole	130		106	nicotine	125	
IMP	133	*Lophophora williamsii*	121	nitration	77	
India rubber	151	love	142	nitrocellulose	161	
indigo	114	LSD	124	nitroglycerin	77	
indole	53, 122	luteolin	97	*p*-nitrophenol	47	
indole-3-acetic acid	124	lycopene	112	Nobel, A.	77	
indomethacin	53	*Lycopersicon esculentum*	113	2-nonenal	74	
inokosterone	109	lycophyll	113	noradrenaline	49, 121	
inosinic acid	87	Lyserg Säure Diethylamid	124	(−)-noradrenaline	93	
5′-inosinic acid	133			(−)-norephedrine	139	
insulin	144	**M**		norepinephrine	121	
IPP	104	*m*-	47	(−)-norepinephrine	93	
isoamyl acetate	41	maleic acid	54	(+)-norpseudoephedrine	139	
isoflavone	96	maltase	90	nucleoside	154	
isoprene	105	maltose	81, **89**	nucleotide	130, **154**	
isoprenoid	105, 135	mannitol	87	nylon	162	
isoquercitrin	85, 97	*Meconopsis horridula*	102			
IUPAC	64	melamine	166	**O**		
		Melanorrhoea usitata	146	*o*-	47	
J		*Mentha arvensis* var.		octet	36	
japan	8, 143	*piperascens*	106	OH-1049P	103	
Japanese lacquer	143	(−)-menthol	106	oleic acid	72	
		mescaline	121, 138	oligosaccharide	80, **89**	
		meso	59	Organic Chemistry	1	

ornithine	125	*Prunus donarium* var.		serotonin	124
ortho	47	*spontanea*	92	Sertürner, F. W. A.	21
oryzanin	134	(+)-pseudoephedrine	139	shikimic acid	87
ouabain	110	*Psilocybe*	124	shikonin	26, **106**
Oxalis	42	psilocybin	124	sinister	57
		purine	130	soap	76
P		pyrimidine	130	Socrates	138
p-	48			sodium lauryl sulfate	78
palmitoleic acid	75	**Q**		solanine	135
Papaver somniferum	121	quercetin	97	*Solanum tuberosum*	137
para	48	quercitrin	98	*Sophora japonica*	98
paratartaric acid	58	quinine	2, **124**	spermine	127
PAS	49			Spiraea	46
Pasteur, L.	58	**R**		Spirsäure	46
PCB	50	*R*	57	squalene	111
PCBs	28	racemic body	59	starch	80, **146**
pelargonidin	101	radical	43	*Stevia rebaudiana*	107
PET	5, 9, 144, 157, **160**	rayon	149	stevioside	107
phalloidin	119	rectus	57	*Streptomyces*	85
phalloin	119	reticuline	122	*Streptomyces* sp. OH-1049	103
Phellodendron amurense	121	retinol	107	streptomycin	85
phenacetin	47	*Rhus*		*Strophanthus gratus*	110
phenol	45	*R. succedanea*	146	strophanthin	110
phenylalanine	120	*R. verniciflua*	143, **146**	strychnine	124
Phyllobates aurotaenia	137	RNA	67, 115, 130, 143, **154**	*Strychnos nux-vomica*	124
phytoestrogen	104	royal jelly	73	*Styrax benzoin*	45
Phytolacca americana	130	royal jelly acid	73	styrene	158, 162
phytosterol	110	*R, S*	57	styrol	158
picric acid	49	rubber	151	sucrose	79
pinoresinol	94	*Rubia cordifolia* var.		sulphurein	100
piperine	128	*mungista*	114	sulpyrin	53
Piper nigrum	127	rutin	98		
plastic	144			**T**	
polyacetylene	166	**S**		2, 4, 5-T	51
polychlorinated biphenyls	50	*S*	57	tannin	99
polyethylene	9, **158**	saccharide	79	tartaric acid	58
polyethylene terephthalate	160	saccharin	47	(+)-taxifolin	99
Polygonum tinctorium	114	*Saccharum officinarum*	89	2, 3, 7, 8-TCDD	52
polyketide	71	salicin	46, 84	teflon	160
polypropylene	9, **158**	salicyl alcohol	47	tempeh	103
polysaccharide	80	salicylic acid	46	terpenoid	8, 104, 135
polystyrene	9, **158**	salicylic acid acetate	46	testosterone	109
polytetrafluoroethane	160	*Salix alba*	46	tetrahydrocannabinol	142
polyvinylidene chloride	9	saponin	110	tetramethylenediamine	163
polyvinyl chloride	9, 28, **158**	sarin	13	THC	142
Primula malacoides	97	(−)-scopolamine	125	L-theanine	118
procaine	127	*Scopolia japonica*	126	*Thea sinensis*	131
propane	56	sericin	152	*Theobroma cacao*	131
prostaglandins	74	serine	62	theobromine	131

theophylline	131	
thiamine	135	
thymine	131	
L-thyroxine	121	
TNT	**49**, 78	
toluene	**45**, 49	
trans	54	
tricholomic acid	129	
triglyceride	75	
4′,6,7-trihydroxyisoflavone	103	
4′,7,8-trihydroxyisoflavone	103	
2,4,6-trinitrotoluene	49	
triterpenoid saponin	110	
tropolone	106	
tryptophan	122	
d-tubocurarine	121	
tylenol	47	
tyrosine	120	

U

umami	6
uric acid	133
urushiol	143, **144**

V

Vaccinium vitis-idaea var. minus	84
vanilla	7
Vanilla planifolia	7, 48
vanillin	48
vanillylamine	140
VCR	125
vinblastine	125
vincaleukoblastine	125
vincristine	125
vinyl chloride	158
Viola	113
violaxanthin	113
viscose rayon	149
vitamin	107
vitamine	134
vitamin B$_1$	135
VLB	125
vulcanization	150

W

Waksman, S. A.	85

warfarin	92

X

xanthophyll	112
xylitol	87
xylocaine	127

Z

Zea mays	133
zeatin	133
Zingiber officinale	49
Zusammen	55

和　文

あ

アイ	114
藍染め	5
アカネ	114
アキシアル	82
アカネ科	114
アコニチン	11, 135
アジピン酸	163
アスカリドール	106
アストラガリン	85, **97**
アスパルテーム	116
アスピリン	10, 16, 45, **46**, 53, 84
アセチル化	45
アセチルサリチル酸	**46**
アセチレン	36, 40
アセトアミノフェン	10, **47**
アセトアルデヒド	36
アダム	142
アデニル酸	155
アデニン	**131**, 155
アデノシン	155
アデノシン二リン酸	133
アデノシン三リン酸	133
アドレナリン	26, 49, 121, 139
(−)-アドレナリン	93
アトロピン	13, 16, **125**
アナバシン	127
アニリン	45
アノメリック炭素	82
アピゲニン	97
(+)-アブシジン酸	107
アフリカトウガラシ	140
アベリ酸	134

アヘン（阿片）	20, **121**
アボガドロ数	69
アミド結合	5, **116**
アミノ基	**43**, 45
p-アミノサリチル酸	49
アミノ酸	67, 116
アミノ糖	67, 85, 141
アミノピリン	53
γ-アミノ酪酸	118
アミロース	89, **146**
アミロペクチン	147
アメリカアリタソウ	106
アメリカヤマゴボウ	130
アラキドン酸	74
アラニン	57
アリザリン	114
アルカロイド	7, 15, 17, 18, 20, 53, 67, 93, 115, **119**, 142
アルコール	36
アルスラキシン	97
アルデヒド基	**39**, 43, 45
アルブチン	84
アロキサン	133
安息香	45
安息香酸	45
アンチアリン	110
アンチピリン	53
アントシアニジン	97, **101**
アントシアニン	97, **101**
アントシアン	95, **101**

い

イソアミルアルコール	41
イソケルシトリン	85, **97**
イソフラボン	96
イソプレノイド	105, 135
イソプレンユニット	105
イソペンテニルピロリン酸	104
イヌサフラン	122
イノコステロン	109
イノシン酸	87, **133**
イブ	142
イブプロフェン	10, **47**
イボテン酸	129
イミダゾール系アルカロイド	130
インジゴ	21, **114**

い

インスリン	144
インディア・ラバー	151
インドール	53, 122
インドール-3-酢酸	51, 124
インドメタシン	53

う

ヴェーラー	1, 23
宇田川榕菴	22
ウパス	110
ウバタマ（烏羽玉）	121
うま（旨）味	6
梅沢浜夫	86
ウラシル	155
ウリジル酸	155
ウリジン	155
うるし（ウルシ，漆）	26, 143, 146
ウルシオール	26, 143, 144
漆塗り	8
ウワバイン	110
ウンシュウミカン	105

え

エイコサペンタエン酸	71, 75
エーテル	40
エクアトリアル	83
α-エクジソン	109
エストラジオール	109
17β-エストラジオール	104
エタノール	36, 39
エタン	31, 40, 63
エチルアミン	118
エチルアルコール	7, 31, 36, 39
エチル基	43
エチレン	36, 40
エチレングリコール	42
エテンザミド	47
(−)-エピガロカテキンガレート	99
エピネフリン	121
(−)-エピネフリン	93
エフェドリン	2, 14, 26, 94, 138
(−)-エフェドリン	139
エボナイト	150
塩化ビニル	158
エンジュ	98
塩味	6

お

オウタムナリン	122
黄柏	121
オーキシン	51
オオシマザクラ	92
オーロン	97
オクテット則	36
オトメザクラ	97
オリゴ糖	80, 89
オリザニン	26, 134
オルト位	47
オルニチン	125
オレイン酸	72

か

カイニン酸	129
カイニンソウ	128
貝紫	5, 114
化学調味料	6
カキ	85, 97
核酸	115
カタバミ	42
かつお節	87
脚気	134
葛根湯	16
カテキン	96
(+)-カテキン	99
カナマイシン	86
カネミ油症事件	50
カフェイン	7, 19, 131
カフェー酸	92
カプサイシン	139, 140
カプリル酸	71
カプロラクタム	163
亀の甲	64
ガラクトース	82
ガラクトサミン	85
β-D-ガラクトサミン	141
カリヤス	97
加硫法	150
カルコン	97
カルタミン	100
カルタモン	101
カルボキシ基	43, 45
カルミン酸	114
カロザーズ	164
カロテノイド	94, 105, 111
カロテン	112
環境ホルモン	29, 53

き

鑑真	21
(+)-カンファー	106, 161
漢方用薬	17
甘味	6
漢薬	17
基	43
幾何異性体	54
ギ（蟻）酸	15, 37, 71
キサントフィル	112
キシリトール	88
キシロカイン	127
キチガイナスビ	13
キチン	80, 146, 149
キニーネ	2, 16, 124
絹	4, 143, 144
キハダ	121
黄八丈	97
キバナコスモス	100
ギャバ	118
キューティクル	152
キュプラ	149
強心配糖体	109
鏡像体	59
キンケイギク	100
筋肉増強剤	109

く

グアニル酸	133, 155
グアニン	131, 155
グアノシン	155
クスノキ	106
薬	10, 12
クチナシ	107, 114
グッドイヤー	150
クマリン	7, 92
苦味	6
クラーレ	121
グリカン	146
グリコーゲン	80, 146
グリシン	31, 42, 116
グリセライド	75
グリセリド	75
グリセリン	75
グリセルアルデヒド	59
グリセロール	75
グルコース	4, 31, 61, 79
グルコサミン	85

D-グルコサミン	141, **149**	コレステロール	109	シス体	54
グルタミン酸	116, 128	コロンブス	19	L-システチン	152
L-グルタミン酸	118	昆虫変態ホルモン	109	L-システイン	152
クレオパトラ	5			シス-トランス法	56
クロシン	107	**さ**		シチジル酸	155
黒田チカ	26, 101	サイクリック AMP	133	シチジン	155
クロロホルム	38	サイロシビン	124	漆器	8
		酢酸	39, 71	ジテルペノイド	105
け		酢酸イソアミル	41	シトシン	**131**, 155
ケイ皮酸	92	酢酸エチル	40	脂肪酸	66, **70**
ケクレ	44	酒	7	ジメチルエーテル	42
ケシ	121	サッカリン	47	シモツケ属	46
ゲニスチン	103	サトウキビ	89	ジャガイモ	137
ゲニステイン	103	サトウダイコン	89	麝香	10, 79
ケミカルアブストラクツ	67	サトウヂシャ	89	種々薬帳	21
ケラチン	4, **152**	サフラン	107	酒石酸	58
ケルシトリン	98	サポニン	110	常アミノ酸	115
ケルセチン	97	サリシン	16, 46, 84	生姜	49
原子	32	サリチルアルコール	46	樟脳	106
原子核	32	サリチル酸	45, **46**	生薬	17, 27
ケンペロール	97	サリチル酸メチル	47	女性ホルモン	109
		サリン	13	ショ糖	89
こ		三大栄養素	4, 6, 71, 79	白川英樹	166
硬化ゴム	150	酸味	6	ジンゲロール	49
こうじ菌	103			人絹	149
合成高分子有機化合物	67	**し**		人工甘味料	47, 116
合成樹脂	8, 9, 144, 157	シアニジン	101	人造絹糸	149
向精神薬	142	シーザー	5	シンナー	45
抗ヒスタミン薬	53	シイタケ	41, 133	シンナムアルデヒド	92
高分子化合物	5	シーボルト	23	神農	19
コーコイ（ガエル）	15, 137	ジエチルエーテル	40	神農本草経	19
コーヒー	19	ジエチルスチルベストロール			
コーヒー酸	92		52	**す**	
コーヒーノキ	131	ジエチレングリコール	42	水素原子	32
コールドパーマ	152	塩味	6	スクアレン	111
コカイン	14, **126**	L-ジオキシフェニルアラニン		スクロース	7, 31, 69, 79, **89**
五感	6		93	(−)-スコポラミン	125
黒鉛	30	ジギタリス	17, 110	鈴木梅太郎	134
コケモモ	84	ジギトキシン	17, 110	スチレン	158
ココアノキ	131	シキミ酸	**88**, 91	ステロール	157, **158**
ゴシポール	107	シキミ酸経路	92	ステアリン酸	71
コショウ	127	ジグリセリド	75	ステアリン酸ナトリウム	76
コチニール	5, 114	シクロヘキサン	43, 63	ステビア	17, 107
(+)-コニイン	138	2,4-ジクロロフェノキシ酢酸		ステビオシド	17, 107
コブナグサ	97		51	ステロイド類	109
コプラナー PCB	51	*p*-ジクロロベンゼン	48	ストリキニーネ	11, **124**
五味	6	シコニン	26, 101, **106**	ストレプトマイシン	85
コルヒチン	122	紫根	17, **106**	G-ストロファンチン	110
コレオプシン	100	脂質	6, 70	スパンデックス	167

175

索引

す
スピル酸	46
スピルゾイレ	46
スペルミン	127
ズルチン	47
スルピリン	53
スルフレイン	100

せ
ゼアチン	133
生物活性物質	12
舎密開宗	22, 23
舎密局必携	25
セイヨウシロヤナギ	46
セイヨウナツユキソウ	46
生理活性物質	12
セスキテルペノイド	105
セスタテルペノイド	105
セッケン	10, 76
セリシン	152
セリン	62
ゼルチュルネル	20, 22
セルロイド	157, 161
セルロース	6, 80, 90, 146
セロトニン	124, 130
セロビオース	90
セロファン	149

そ
ソクラテス	138
ソラニン	135

た
ダイオキシン	11, 28, 52, 160, 167
ダイジン	103
ダイズ（大豆）	103
ダイゼイン	103
ダイナマイト	77
ダイヤモンド	30
タイレノール	47
タイワンヒノキ	106
(+)-タキシフォリン	99
多糖類	67, 80, 143, 146
タバコ	7, 20, 125
炭水化物	6, 79
弾性ゴム	143, 149
男性ホルモン	109
単糖類	80
タンニン	99
タンパク質	6, 67, 115, 143, 144

ち
チアミン	135
チクトキシン	79
チミン	131, 155
チャ（茶）	7, 19, 131
α-, β-, γ-チャコニン	137
中性子	32
チョウセンアサガオ	13, 22, 126
L-チロキシン	121
チロシン	120
鴆毒	15

つ
ツボクラーレ	121
d-ツボクラリン	11, 121

て
L-テアニン	118
2′-デオキシアデニル酸	131, 155
2′-デオキシアデノシン	131, 155
2′-デオキシグアニル酸	131, 155
2′-デオキシグアノシン	131, 155
2′-デオキシシチジル酸	131, 155
2′-デオキシシチジン	131, 155
2′-デオキシチミジル酸	131, 155
2′-デオキシチミジン	131, 155
テオフィリン	131
テオブロミン	131
デコラ	166
テストステロン	109
テトラヒドロカンナビノール	142
テトラメチレンジアミン	163
テフロン	157, 160
デルフィニジン	101
テルペノイド	8, 66, 104, 135
甜菜	89
電導性プラスチック	166
天然高分子有機化合物	67
天然物化学	17

と
デンプン	4, 80, 146
テンペ	103
糖	66
トウガラシ	113, 127, 140
糖質	6, 79
トウモロコシ	133
L-ドーパ	93
ドーパミン	93, 130
ドーピング	166
毒	10, 12
ドクササコ	129
ドクゼリ	79
ドクツルタケ	119
ドクニンジン	138
ドコサヘキサエン酸	71, 75
トマト	113
トランス体	54
トリグリセリド	75
2,4,5-トリクロロフェノキシ酢酸	51
トリコロミン酸	129
トリテルペノイド	105
トリテルペノイドサポニン	110
2,4,6-トリニトロトルエン	49
4′,6,7-トリヒドロキシイソフラボン	103
4′,7,8-トリヒドロキシイソフラボン	103
トリプトファン	122
トルエン	45, 49
トロポロン（類）	8, 106

な
内分泌撹乱化学物質	29, 53
ナイロン	5, 157, 162
長井長義	25, 139
軟セッケン	76

に
苦味	6
ニコチン	7, 125
ニチニチソウ	125
ニトロ化	77
ニトロ基	49
ニトログリセリン	77
ニトロセルロース	161

p-ニトロフェノール	47		ハロゲン	31, 38, 158	(+)-プソイドエフェドリン	139
乳酸	61		ハワース式	82	ブテイン	100
乳糖	89		蕃椒	127, **140**	ブドウ糖	4
尿酸	133				フマル酸	54
尿素合成	1		**ひ**		α-フムレン	107
尿素樹脂	157		ビオラ	113	フラーレン	30
ニンジン	113		ビオラキサンチン	113	プラスチック	8, 144, 157
			ピクリン酸	**49**, 78	フラバノノール	96
ぬ			ビスコースレーヨン	149	フラボキサンチン	113
ヌクレオシド	115, **154**		ヒスタミン	124, **129**	フラボノイド	94, 97
ヌクレオチド			ヒスチジン	129	フラボノール	96, 97
	115, 130, 144, **154**		ビスフェノール A	52	フラボン	96, 97
			ビタミン	134	プリン	115, **130**
ね			ビタミン A	107	5-フルオロウラシル	134
ネオン	34, 35		ビタミン B_1	26, 134, 135	フルクトース	84
			ビタミン C	87	フレミング	26
の			p-ヒドロキシ安息香酸エ		プロカイン	127
ノーベル	77		ステル	48	プロスタグランジン類	74
2-ノネナール	74		ヒドロキシ基	37, 39, **43**, 45	プロパン	31, **56**
ノルアドレナリン	49, 121		5-ヒドロキシトリプタミン	124	プロピオン酸	71
($-$)-ノルアドレナリン	93		ヒナタノイコズチ	109	フロン	38
ノルエピネフリン	121		ヒノキチオール	8, **106**	フンク	134
($-$)-ノルエピネフリン	93		ピノレジノール	94		
($-$)-ノルエフェドリン	139		ピペリン	128	**へ**	
(+)-ノルプソイドエフェ			ヒヨスチアミン	138	ベークライト	157, **166**
ドリン	139		($-$)-ヒヨスチアミン	125	ベークランド	165
			ピリミジン	115, **130**	ヘキサメチレンジアミン	163
は			ピリミジン骨格	133	n-ヘキサン	63
麦芽糖	81, **89**		ピリン系	53	ペット	5, 144
ハシリドコロ	13, 22-23, 126		ピル	109	ペットボトル	5, **167**
パストゥール	58		ヒロポン	140	ヘテロ多糖	146
ハッカ	106		ビンクリスチン	125	ペニシリン	26
麦角（菌）	124		ビンブラスチン	125	ベニバナ	26, **100**
発泡スチロール	157, **158**				紅花染め	5
バトラコトキシン	15, 137		**ふ**		ヘパリン	146, **149**
華岡青洲	22		ファロイジン	119	ペプチド	67, 115
バニラ	7		ファロイン	119	ペプチド結合	116, 163
バニリルアミン	140		フィッシャーの投影式	81	ペヨーテ	121
バニリン	7, 48		フィトエストロゲン	103, 104	ベラドンナ	125
パピルス	19		フィトステロール	110	ペラルゴニジン	101
土生玄碩	23		フィブロイン	4, **152**	ヘリウム	33, 34
パラ位	48		フェナセチン	16, **47**	ベルベリン	121
パラゴム（ノキ）	150, 151		フェニルアラニン	120	ヘロイン	13, **142**
パラ酒石酸	58		フェニル基	43	ベンズアルデヒド	45
パラゾール	48		フェニルプロパノイド	66, 91	ベンゼン	31
パラベン	48		フェノール	45	ベンゼン環	44
バルビツール酸	133		フェノール樹脂	157, **165**	3,3′,4,4′,5-ペンタクロロ	
パルミチン酸	71, 72		フジバカマ	92	ビフェニル	51
パルミトレイン酸	75		不斉炭素	57	ベンベルグ	149

索引

ほ
放線菌	103
ホップ	107
ボツリヌストキシン	15
ホフマン	26
ホモ多糖	146
ホモバトラコトキシン	15, 137
ポリアセチレン樹脂	157, 166
ポリウレタン	167
ポリエステル	144, 157
ポリエステル繊維	5
ポリエチレン	9, 144, 157, **158**, 160
ポリエチレン樹脂	40
ポリエチレンテレフタラート	5, 144, 157, **160**
ポリ塩化ビニリデン	9, 157, **160**
ポリ塩化ビニル	9, 28, 157, **158**
ポリ塩化ビフェニル	50
ポリケチド	71
ポリスチレン	9, 157, **158**
ポリテトラフルオロエタン	160
ポリプロピレン	9, 157, **158**
ホルマリン	37
ホルムアルデヒド	37, 165
本草学	22
本草綱目	22

ま
麻黄	26, **94**
マオウ属	93
牧野堅	134
マチン	124
馬銭子	124
マルターゼ	90
マルトース	81, **89**
マレイン酸	54
マンニトール	87

み
ミリセチン	97
ミルズ式	82
民間薬	17

む
無機化合物	1
ムシモール	129
ムスコン	79
ムラサキ	101, **106**, 114
紫染め	5

め
メコノプシス	102
メスカリン	**121**, 138
メソ体	59
メタ位	47
メタクリル酸	162
メタクリル樹脂	157, **162**
メタノール	37
メタン	31, 37, **56**, 63
メタンチオール	38
メタンフェタミン	14, **142**
(+)-メタンフェタミン	140
メチルアミン	38
メチルアルコール	37
メチル基	**43**, 45
メチルメルカプタン	38
メバロン酸	105
メラミン	166
メラミン樹脂	157, **165**
(−)-メントール	106

も
モノグリセリド	75
モノテルペノイド	105
モルヒネ	2, 13, 16, **121**

や
薬学	14, **26**
薬剤師	2, **14**, 20

ゆ
有機化合物	1
ユリア樹脂	157, **165**

よ
陽子	32
ヨウシュヤマゴボウ	130
羊毛	4, 144

ら
ラウリルアルコール	78
ラウリル硫酸ナトリウム	78
ラウリン酸	71, 78
酪酸	71
ラクトース	89
ラセミ体	59
ラテックス	150
ラノステロール	109, **111**
ラブ	142
ラフィノース	90

り
リービッヒ	133
リグナン	94
リグニン	8, **94**
リコピン	112
リコフィル	112
李時珍	22
リスター	45
リゼルギン酸	124
立体異性体	54
リノール酸	72
リノレン酸	72
d-リモネン	105

る
ルチン	98
ルテオリン	97

れ
レーヴェンフック	127
レーヨン	**149**, 157
レジ袋	**144**, 167
(R)-レチクリン	122
レチノール	107
レンチオニン	41

ろ
ロイヤルゼリー	73
ロイヤルゼリー酸	73

わ
和漢薬	17
ワクスマン	85
ワタ	107
綿	143
ワルファリン	92

【著者略歴】

船山信次（ふなやま・しんじ）

- 1951 年　仙台市生まれ
- 1975 年　東北大学薬学部卒業
- 1980 年　東北大学大学院薬学研究科博士課程修了，薬学博士
  その後，イリノイ大学薬学部 Research Associate，東北大学医学部細菌学教室研究生，(社)北里研究所微生物薬品化学部研究員，同室長補佐，東北大学薬学部生薬学教室助手，同専任講師，青森大学工学部生物工学科助教授，同教授を経て
- 現　在　日本薬科大学教授（漢方薬学科）
  生薬学，薬用植物学，天然物化学および抗生物質学専攻，*Pharmaceutical Biology* (USA) 副編集長
- 著　書　『アルカロイド―毒と薬の宝庫』（共立出版），『毒の科学（図解雑学）』（ナツメ社）など多数

有機化学入門

2004 年 11 月 10 日　初版 1 刷発行

著者　船山信次　Shinji Funayama © 2004　　　　　　　　　　　　　　（検印廃止）
発行　**共立出版株式会社**　南條光章
　　　東京都文京区小日向 4-6-19（〒112-8700）
　　　Tel. 03-3947-2511　Fax. 03-3947-2539　振替口座 00110-2-57035
　　　http://www.kyoritsu-pub.co.jp

組版＝ももい工房　　印刷＝共立印刷　　製本＝協栄製本　　装幀＝清岡栄雄

ISBN 4-320-04373-1　　NDC 437
Printed in Japan
（社）自然科学書協会会員

■化学・化学工業関連書

http://www.kyoritsu-pub.co.jp/ 共立出版

化学大辞典 全10巻	化学大辞典編集委員会編
学生 化学用語辞典 第2版	大学教育化学研究会編
共立 化学公式	妹尾 学編
化学英語演習 増補3版	中村莞爾編
工業化学英語 第2版	中村喜一郎他著
注解付 化学英語教本	川井清泰編
表面分析辞典	日本表面科学会編
分析化学辞典	分析化学辞典編集委員会編
分離科学ハンドブック	妹尾 学編
化学の世界	上田豊甫著
化学入門	大野公一他著
化学へのアプローチ	水野謹吾著
パソコンアニメによる立体化学	獅々堀 彊著
大学 化学の基礎	内山敬康著
物質構造の基礎	石井菊次郎著
物質と材料の基本化学	伊澤康司他著
資源天然物化学	秋久俊博他著
理科系 一般化学	相川嘉正他著
理工系学生のための化学の基礎	柴田茂雄他著
理工系の基礎化学	竹内 雍他著
演習 物理化学	阪上信次他著
概説 物理化学 第2版	阪上信次他著
基礎物理化学 第2版	妹尾 学編
詳解 物理化学演習	小野宗三郎他著
物理化学の基礎	柴田茂雄著
理工系学生のための基礎物理化学	柴田茂雄他著
わかりやすい物理化学	関崎正夫著
現代量子化学の基礎	中島 威他著
量子化学の基礎	平野康一著
酸と塩基 (モダンケミストリー 1)	桐栄恭二他訳
イオンの膜透過	君塚英夫著
化学熱力学の使い方	向井雄宏著
入門 熱力学	上田豊甫著
コリタ 電気化学	藤平正道他訳
電気化学通論 第3版	田島 栄著
基礎 無機化学	綿抜邦彦他著
基礎 有機化学	高木行雄他著
パソコンによる有機化学	獅々堀 彊著

有機工業化学	妹尾 学他編著
ライフサイエンス有機化学	飯田 隆他著
基礎有機合成化学	妹尾 学他著
データのとり方とまとめ方 第2版	宗森 信他訳
分析化学の基礎	佐竹正忠他著
実験分析化学 訂正増補版	石橋政義著
無機定性分析実験	京都大学総合人間学部編
パソコンによる機器分析演習	吉村忠与志著
サイズ排除クロマトグラフィー	森 定雄著
NMRハンドブック	坂口 潮他訳
高分子と水	高分子学会編
高分子破断の化学	金丸 競著
基礎 高分子科学	妹尾 学他著
高分子化学 第4版	村橋俊介他編著
オプトエレクトロニクスと高分子材料	井手文雄著
工学技術者の高分子材料入門	小川俊夫著
入門 高分子材料	高分子学会編
表面分析図鑑	日本表面科学会編
エレクトロニクス有機材料	弘岡正明他編著
化学安全工学概論	前澤正禮著
化学プロセス計算 新訂版	浅野康一著
ケミカルエンジニアリングのすすめ	古崎新太郎著
入門 レーザ応用技術	高分子学会編
燃焼の基礎と応用	架谷昌信他編著
バイオプロセスの知的制御	山根恒夫他著
バイオセパレーションプロセス便覧	(社)化学工学会「生物分離工学特別研究会」編
パソコンによる化学計算入門	佐藤信孝他著
化学工学概論 新版	八田四郎次他著
通論 化学工学 第2版	杉山幸男監修
セラミックスの耐食性ハンドブック	井関孝善訳
第三世代セラミックス	澤岡 昭著
無機材料	功刀雅長他著
環境触媒	日本表面科学会編
エクセルギー工学	吉田邦夫著
エネルギー物質ハンドブック	火薬学会編
現場技術者のための発破工学ハンドブック	(社)火薬学会発破専門部会編
人間・環境・地球 第3版	北野 大他著
NO −宇宙から細胞まで−	吉村哲彦著